バイオ研究のフロンティア

医療・診断をめざす先端バイオテクノロジー 3

関根光雄／編

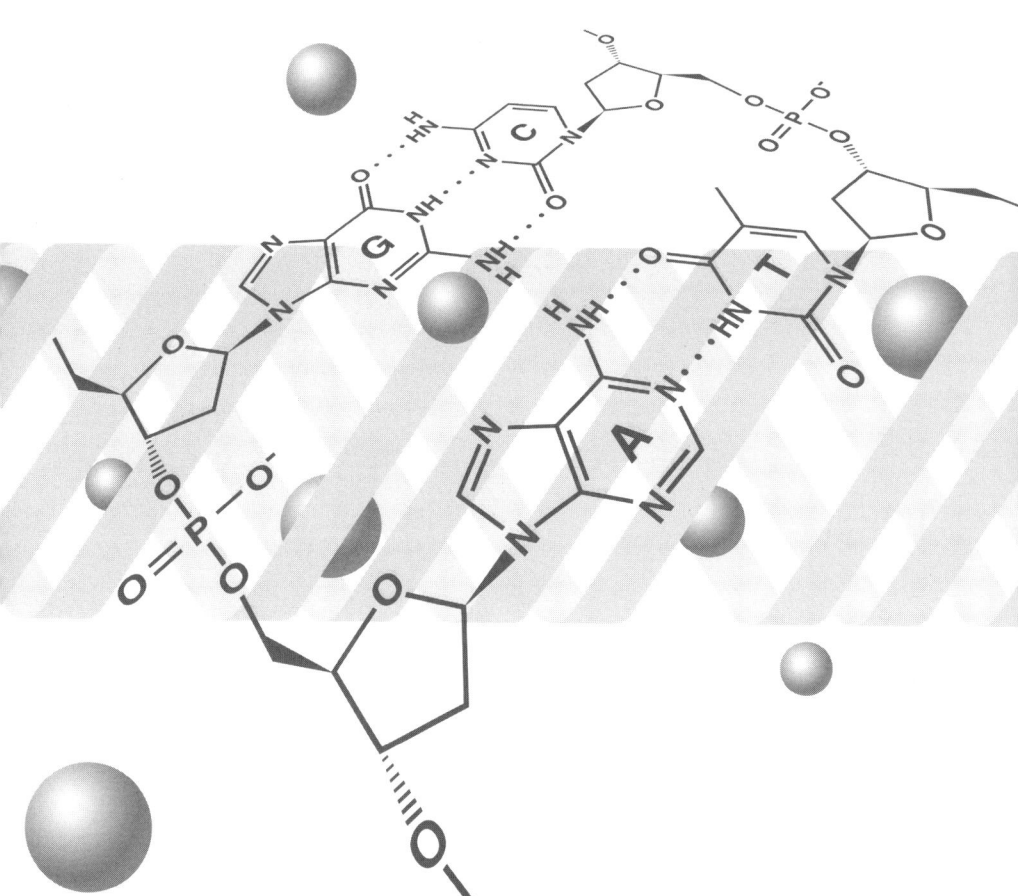

工学図書株式会社

執筆者一覧　（五十音順，＊は編者，かっこ内は担当章）

赤池　敏宏	東京工業大学大学フロンティア研究センター共同研究部門	(11)
石川　智久	理化学研究所オミックス基盤研究領域	(2)
伊勢　裕彦	東京工業大学大学院生命理工学研究科生体分子機能工学専攻	(11)
一瀬　　宏	東京工業大学大学院生命理工学研究科分子生命科学専攻	(9)
井上　　敏	チッソ株式会社横浜研究所	(5)
井上　義夫	東京工業大学大学院生命理工学研究科生体分子機能工学専攻	(17)
岩井　伯隆	東京工業大学大学院生命理工学研究科生物プロセス専攻	(16)
占部　弘和	東京工業大学大学院生命理工学研究科生体分子機能工学専攻	(13)
加部　泰明	慶應義塾大学医学部医化学教室	(1)
川畑伊知郎	東京工業大学大学院生命理工学研究科分子生命科学専攻	(9)
北爪　智哉	東京工業大学大学院生命理工学研究科生物プロセス専攻	(16)
喜多村直実	東京工業大学大学院生命理工学研究科生体システム専攻	(10)
小林　雄一	東京工業大学大学院生命理工学研究科生体分子機能工学専攻	(12)
駒田　雅之	東京工業大学大学院生命理工学研究科生体システム専攻	(7)
坂本　　聡	東京工業大学大学院生命理工学研究科生命情報専攻	(1)
櫻井　亜季	東京工業大学大学院生命理工学研究科生体分子機能工学専攻	(2)
清尾　康志	東京工業大学大学院生命理工学研究科分子生命科学専攻	(4)
＊関根　光雄	東京工業大学大学院生命理工学研究科分子生命科学専攻	(3)
田川　陽一	東京工業大学フロンティア研究センター共同研究部門	(8)
田中　利明	東京工業大学大学院生命理工学研究科生体システム専攻	(10)
土屋輝一郎	東京医科歯科大学大学院医歯学総合研究科消化器病態学講座	(6)
秦　　猛志	東京工業大学大学院生命理工学研究科生体分子機能工学専攻	(13)
半田　　宏	東京工業大学統合研究院ソリューション研究機構	(1)
細谷　孝充	東京医科歯科大学大学院疾患生命科学研究部生命有機化学研究室	(15)
本間　大悟	東京工業大学大学院生命理工学研究科分子生命科学専攻	(9)
松田　知子	東京工業大学大学院生命理工学研究科生物プロセス専攻	(14)
山口　雄輝	東京工業大学大学院生命理工学研究科生命情報専攻	(1)
渡辺　　守	東京医科歯科大学大学院医歯学総合研究科消化器病態学講座	(6)
和地　正明	東京工業大学大学院生命理工学研究科生物プロセス専攻	(16)

まえがき

　近年，遺伝子の網羅的発現解析やプロテオソーム解析によって，複雑な生体反応の機構の解明が著しく進展している．一方，ES 細胞や iPS 細胞を活用する再生医療技術も大きな注目を集め，国内外で急速な発展がなされてきている．遺伝子そのものの欠損や変異に基づくさまざまな遺伝子疾患にかかわる病気も，関連する遺伝子や酵素などの複雑な核酸-タンパク質やタンパク質-タンパク質間相互作用，それらの複合体の機能解明などを通して，ようやく治療への合理的な治療戦略が描ける時代になってきた．本書は，近未来的に有望と思われる医療の分野を中心に，その関連分野を含めた研究領域における最先端のバイオテクノロジーについてまとめたものである．また，本書は東京工業大学のグローバル COE の事業として，「バイオ研究のフロンティア 3」として出版するものである．これらの内容は，大学院修士課程の学生にも十分理解できるよう，図表の多用をお願いし，執筆を依頼したものである．

　第 1 章から第 5 章では，おもに医療に役にたつ先端生体分子検出技術について紹介している．ここでは，タンパク質を検出する新しいナノ磁性粒子を用いる技術や，将来遺伝子治療に役にたつ siRNA 分子の開発の現状や，標的遺伝子やタンパク質を高感度検出するために必要な新しい蛍光性核酸，発光タンパク質をまとめている．

　第 6 章から第 11 章では，医療に向けた細胞・生体分子の機能解明と活用に関する最先端研究を紹介している．これらの章では，慢性腸炎や大腸がんと密接にかかわる腸管上皮細胞の分化をはじめ，細胞のがん化にかかわる増殖因子受容体の分解・調節の制御機構，ES 細胞を用いる再生医療，神経伝達物質の代謝系で重要な補酵素とその代謝異常により発症するさまざまな疾患との関連，がん細胞の特性である肝細胞増殖因子のシグナル伝達機構，細胞接着分子や増殖因子を模倣した細胞認識性バイオマテリアルの開発などについて紹介している．

　第 12 章から第 17 章では，医療を指向した生体機能分子の創出について有機化学的なアプローチを中心にまとめている．医薬品開発の抗マラリア剤のキニーネや動脈硬化の原因物質である低密度リポタンパク質 (LDL) の構成成分であるホスホコリン誘導体の合成，ワンポット多成分カップリング反応による未来志向型の効率的で環境低負荷の有機分子変換法や，生体酵素を活用する不斉合成反応の開発などを述べている．さらに，生体機能分子

まえがき

として標的タンパク質の探索に役にたつ光親和性標識法，アクチン様細胞骨格タンパク質の阻害剤開発，生体適合性と生体内吸収性をもつ生分解性高分子材料の開発など，菌体や微生物の力を利用するバイオテクノロジーの開発について紹介している．

　本書を編集しながら，さまざまな先端バイオテクノロジーの驚異的な発展の内容に，編者自身がたいへん勉強になったこともあり，生命理工学に学ぶ若き学生諸君にとって，おそらく目からうろこのような新しい発見も，本書から期待される．また，これからバイオ関連研究に参画しようとする大学や企業の研究者にとっても，非常に参考になると思われ，多くの方々が本書を読んで，医療に関連するバイオテクノロジーの研究領域の息吹を感じ，新しい発想を思い浮かばせてくれれば，編者としてこれ以上の喜びはない．

　本書をまとめるにあたり，本書の趣旨を理解していただき，ご多忙のなか快く執筆していただいた執筆者の諸氏に深謝いたします．また，本書の企画時から編集，原稿のとりまとめに至るまで，惜しみないご援助をいただいた東京工業大学出版会準備会の太田一平氏には，心から感謝申しあげます．さらに，校正作業や索引作成にご協力いただいた東京工業大学生命理工学研究科大倉研究室の栢森綾さんに感謝いたします．

2009年9月

東京工業大学大学院生命理工学研究科

関根　光雄

目　　次

執筆者一覧 ……………………………………………………………………………………… iii
まえがき ………………………………………………………………………………………… v

Ⅰ編　医療に役だつ先端生体分子検出技術

1　機能性ナノ磁性ビーズ …………………………………………………………… 1

1.1　はじめに …………………………………………………………………………… 1
1.2　アフィニティーラテックスビーズの開発 ……………………………………… 2
1.3　アフィニティー磁性ビーズの開発 ……………………………………………… 3
1.4　薬剤に対する標的タンパク質の単離・同定と機能解析 ……………………… 5
　　1.4.1　免疫抑制剤 FK506 を用いるモデル実験 ………………………………… 5
　　1.4.2　抗がん剤メトトレキセートの新規作用機構の解析 …………………… 6
1.5　薬剤候補化合物のスクリーニングシステムの開発 …………………………… 8
1.6　高機能性ナノ磁性ビーズの構築と医療, バイオへの応用 …………………… 9
1.7　おわりに …………………………………………………………………………… 10
　　引用文献 ……………………………………………………………………………… 10

2　個別化医療へ向けた遺伝子多型診断 ………………………………………… 13

2.1　はじめに …………………………………………………………………………… 13
2.2　個別化医療 ………………………………………………………………………… 13
2.3　ABC トランスポーター …………………………………………………………… 14
　　2.3.1　ABCB1（P-糖タンパク質, MDR1） ……………………………………… 14
　　2.3.2　変異型 ABCB1 の発現と機能解析 ………………………………………… 15
2.4　日本発の最速遺伝子型診断技術である SMAP 法 ……………………………… 17
　　2.4.1　SMAP 法の原理 …………………………………………………………… 18
　　2.4.2　個別化医療へ向けた SMAP 法の応用 …………………………………… 18
2.5　おわりに …………………………………………………………………………… 20
　　引用文献 ……………………………………………………………………………… 21

3 新規 siRNA 分子の創製 ... 22

3.1 はじめに ... 22
3.2 RNA の化学合成法の開発 ... 22
3.3 2'-O-修飾 RNA の開発 ... 25
3.4 おわりに ... 28
　　引用文献 ... 28

4 新規蛍光性核酸 ... 30

4.1 はじめに ... 30
4.2 いろいろな蛍光性ヌクレオシド ... 31
　4.2.1 蛍光性ヌクレオシドの特性 ... 31
　4.2.2 2-アミノプリン(2AP) ... 32
　4.2.3 6-メチル-3H-ピロロ[2,3-d]ピリミジン-2-オン(pyrrolo-C) ... 32
　4.2.4 4-アミノ-6-メチル-7(8H)-プテリジン(6MAP) ... 33
　4.2.5 1,3-ジアザ-2-オキソフェノチアジン(tC) ... 33
　4.2.6 1,3-ジアザ-2-オキソフェノキサジン(tC^O) ... 33
　4.2.7 8-ビニルアデニン(8vA) ... 34
　4.2.8 チエノ[3,4-d]ピリミジン ... 34
4.3 新規二環性および三環性蛍光性シチジンアナログ ... 34
　4.3.1 開発の経緯 ... 34
　4.3.2 dC^{PPP} と dC^{PPI} の蛍光特性 ... 36
4.4 おわりに ... 36
　　引用文献 ... 38

5 発光タンパク質 ... 39

5.1 はじめに ... 39
5.2 カルシウム結合発光タンパク質の研究背景 ... 39
5.3 発光タンパク質イクオリンの物性と構造 ... 40
5.4 発光タンパク質イクオリンの発光の特徴と優位性 ... 42
5.5 医療領域におけるイクオリンの検出プローブとしての可能性 ... 43
　5.5.1 イクオリンタンパク質を検出プローブとして用いる場合 ... 43
　5.5.2 イクオリン遺伝子を Ca^{2+} 検出プローブとして利用する場合 ... 45
5.6 イクオリンを検出プローブとするイムノアッセイ系での応用 ... 45
　5.6.1 アビジン-ビオチンコンプレックス法による検出 ... 45
　5.6.2 イクオリンの抗体への直接ラベル化法による検出 ... 46

- 5.7 発光タンパク質を用いる検出の高感度化 ………………………………… 47
- 5.8 お わ り に ……………………………………………………………………… 47
  - 引 用 文 献 ……………………………………………………………………… 48

II編 医療に向けた細胞・生体分子の機能解明と活用

6 腸管上皮細胞の分化制御機構 …………………………………………… 49

- 6.1 は じ め に ……………………………………………………………………… 49
- 6.2 腸管の機能 …………………………………………………………………… 49
  - 6.2.1 腸管の構造 ……………………………………………………………… 49
  - 6.2.2 上皮細胞の機能 ………………………………………………………… 50
  - 6.2.3 腸管上皮細胞の分化 …………………………………………………… 51
- 6.3 腸管上皮細胞分化制御機構 ………………………………………………… 51
  - 6.3.1 腸管分化機構 …………………………………………………………… 51
  - 6.3.2 Wntシグナルによる Hath1 制御機構 ………………………………… 52
  - 6.3.3 Notch シグナルによる Hath1 制御機構 ……………………………… 55
- 6.4 お わ り に ……………………………………………………………………… 57
  - 引 用 文 献 ……………………………………………………………………… 58

7 増殖因子受容体の分解制御と制がん ………………………………… 59

- 7.1 は じ め に ……………………………………………………………………… 59
- 7.2 増殖因子受容体とがん ……………………………………………………… 59
- 7.3 増殖因子受容体のダウンレギュレーション ……………………………… 60
- 7.4 増殖因子受容体のリソソームへの選別輸送 ……………………………… 61
- 7.5 タンパク質のユビキチン化 ………………………………………………… 61
- 7.6 増殖因子受容体のユビキチン化とがん …………………………………… 63
- 7.7 エンドソームにおける増殖因子受容体の選別 …………………………… 64
- 7.8 脱ユビキチン化による受容体ダウンレギュレーションの調節 ………… 65
- 7.9 お わ り に ……………………………………………………………………… 66
  - 引 用 文 献 ……………………………………………………………………… 66

8 胚性幹(ES)細胞のバイオロジーとその応用と期待 ………………… 68

- 8.1 は じ め に ……………………………………………………………………… 68
- 8.2 胚性幹細胞のバイオロジー ………………………………………………… 68
  - 8.2.1 幹細胞 …………………………………………………………………… 68
  - 8.2.2 胚性幹細胞の樹立と培養 ……………………………………………… 70

- 8.2.3 ES 細胞の特徴 ………………………………………… 72
- 8.3 ES 細胞の応用 ………………………………………………… 75
  - 8.3.1 発生工学 ………………………………………………… 75
  - 8.3.2 発生・分化の解明 ……………………………………… 75
  - 8.3.3 再生医療への期待 ……………………………………… 75
  - 8.3.4 動物実験代替システム ………………………………… 77
- 8.4 お わ り に …………………………………………………… 78
  - 引 用 文 献 …………………………………………………… 78

■9 生体内におけるビオプテリンの働きと疾患とのかかわり … 79

- 9.1 は じ め に …………………………………………………… 79
- 9.2 生体内における BH4 の代謝 ………………………………… 79
  - 9.2.1 BH4 の新規合成経路 …………………………………… 80
  - 9.2.2 BH4 の再還元経路 ……………………………………… 80
- 9.3 生体内での BH4 の役割 ……………………………………… 81
  - 9.3.1 芳香族アミノ酸水酸化酵素の補酵素としての役割 …… 81
  - 9.3.2 NOS の補酵素としての役割 …………………………… 81
  - 9.3.3 BH4 とアポトーシス …………………………………… 81
- 9.4 BH4 代謝異常により発症する疾患 …………………………… 82
  - 9.4.1 悪性高フェニルアラニン血症 ………………………… 82
  - 9.4.2 ドーパ反応性ジストニア ……………………………… 83
  - 9.4.3 SPR 欠損症 ……………………………………………… 83
- 9.5 BH4 代謝が関連すると考えられる疾患 ……………………… 83
  - 9.5.1 小児自閉症 ……………………………………………… 84
  - 9.5.2 う つ 病 ………………………………………………… 84
  - 9.5.3 パーキンソン病 ………………………………………… 85
  - 9.5.4 BH4 応答性 PAH 欠損症 ………………………………… 86
  - 9.5.5 痛 覚 …………………………………………………… 86
  - 9.5.6 高血圧, 動脈硬化 ……………………………………… 86
- 9.6 お わ り に …………………………………………………… 87
  - 引 用 文 献 …………………………………………………… 87

■10 肝細胞増殖因子によるがん細胞の増殖制御機構 …………… 89

- 10.1 は じ め に …………………………………………………… 89
- 10.2 肝細胞増殖因子によるがん細胞の増殖抑制作用 …………… 90
- 10.3 肝細胞増殖因子による肝がん細胞の増殖抑制作用の分子機構 … 91
  - 10.3.1 シグナル伝達制御の機構 ……………………………… 91

10.3.2　細胞周期停止の機構 ・・ 92
　　10.3.3　Cdk インヒビターの発現調節機構 ・・・・・・・・・・・・・・・・・・・・・・・・・・・・・ 95
　10.4　おわりに ・・ 96
　　　　引用文献 ・・ 97

11　医療に向けた細胞認識機能性バイオマテリアル　98

　11.1　はじめに ・・・ 98
　11.2　糖鎖構造を模倣した合成糖鎖高分子 ・・・・・・・・・・・・・・・・・・・・・・・・・・・・・・・・・ 99
　　11.2.1　再生医療への応用 ・・・ 100
　　11.2.2　DDS への応用 ・・ 102
　11.3　細胞間接着分子や増殖因子を模倣したバイオマテリアル ・・・・・・・・・・ 105
　11.4　おわりに ・・・ 108
　　　　引用文献 ・・・ 108

Ⅲ編　医療を指向した生体機能分子の創出

12　医薬関連化合物の合成　110

　12.1　はじめに ・・・ 110
　12.2　キニーネ ・・・ 110
　12.3　テトラヒドロカンナビノール ・・・・・・・・・・・・・・・・・・・・・・・・・・・・・・・・・・・・・・ 114
　12.4　エポキシイソプロスタン・ホスホコリン ・・・・・・・・・・・・・・・・・・・・・・・・・・・ 115
　12.5　おわりに ・・・ 117
　　　　引用文献 ・・・ 117

13　医薬・生体機能分子の未来指向型合成法の開発　118

　13.1　はじめに ・・・ 118
　13.2　ワンポット多成分カップリング反応の開発 ・・・・・・・・・・・・・・・・・・・・・・・・ 118
　　13.2.1　チタン試薬を利用する方法 ・・・・・・・・・・・・・・・・・・・・・・・・・・・・・・・・・・・ 119
　　13.2.2　イットリウム試薬を利用する方法 ・・・・・・・・・・・・・・・・・・・・・・・・・・・・ 124
　13.3　ワンポット多段階反応の開発 ・・・・・・・・・・・・・・・・・・・・・・・・・・・・・・・・・・・・・・ 125
　　13.3.1　チタン試薬による直鎖状化合物から双環性化合物の合成 ・・・・ 126
　　13.3.2　銅触媒によるヘテロ環化合物合成 ・・・・・・・・・・・・・・・・・・・・・・・・・・・・ 127
　13.4　経済的かつ環境低負荷反応の開発 ・・・・・・・・・・・・・・・・・・・・・・・・・・・・・・・・・ 127
　　13.4.1　鉄試薬の積極的利用 ・・ 127
　　13.4.2　空気の積極的な利用 ・・ 129
　13.5　おわりに ・・・ 129

引用文献 130

14 酵素による光学活性化合物の合成 131

14.1 はじめに 131
14.2 不斉還元反応 131
　14.2.1 チチカビを用いる高選択的な不斉還元 131
　14.2.2 生体触媒による水中での不斉還元における生産性の向上 132
　14.2.3 非水系溶媒中での反応 134
　14.2.4 光合成生物を用いる反応における光エネルギーによる補酵素の再生 134
14.3 光学異性化 135
14.4 不斉酸化 135
14.5 加水分解酵素を利用する不斉合成反応 136
　14.5.1 リパーゼを用いる天然物の合成 136
　14.5.2 リパーゼを用いる農薬の合成 137
　14.5.3 リパーゼを用いる医薬品の合成 138
　14.5.4 酵素法利用による医薬品製造のグリーン化 138
14.6 おわりに 140
　　引用文献 140

15 光親和性標識法 141

15.1 はじめに 141
15.2 光親和性標識法の原理 141
15.3 光反応性官能基 142
　15.3.1 芳香族アジド基 142
　15.3.2 ジアジリン 143
　15.3.3 芳香族カルボニル基 144
15.4 光ラベル化タンパク質検出用官能基 145
　15.4.1 放射性同位元素 145
　15.4.2 ビオチン 145
　15.4.3 脂肪族アジド基 146
　15.4.4 エチニル基 149
15.5 おわりに 149
　　引用文献 149

16　細菌のアクチン様細胞骨格タンパク質を作用標的とする抗菌剤開発 ················· 151

16.1　はじめに ··· 151
16.2　アクチン様細胞骨格タンパク質 MreB の阻害剤 A22 の発見 ············· 151
16.3　構造活性相関と作用機構のシミュレーション ························· 153
16.4　おわりに ··· 157
　　　引用文献 ··· 159

17　生分解性高分子材料 ··· 160

17.1　はじめに ··· 160
17.2　生分解性高分子材料 ··· 160
　17.2.1　生分解性高分子材料とは ··· 160
　17.2.2　生分解性高分子材料の種類 ······································· 161
　17.2.3　生分解性高分子材料の用途 ······································· 162
17.3　代表的な生分解性高分子材料 ······································· 162
　17.3.1　ポリ乳酸 ··· 162
　17.3.2　微生物産生ポリヒドロキシアルカン酸 ····························· 163
17.4　おわりに ··· 165
　　　引用文献 ··· 166

索　　引 ·· 167

1 機能性ナノ磁性ビーズ

1.1 はじめに

　ヒトをはじめとするさまざまな生物種のゲノム情報がほぼ解読され，今やポストゲノム時代が到来しており，遺伝子産物であるタンパク質の機能や構造を解析する研究が主流となっている．あらゆる生命現象はタンパク質によって制御されており，これまではタンパク質の機能を解析するのに，細胞や個体レベルで遺伝子をノックアウトあるいはノックダウンする手法が主流であった．しかし，この方法ではタンパク質の発現自体が抑制されるので，タンパク質がもつすべての機能が一挙に失われる．高等生物であればあるほど，1つのタンパク質はより多くの機能を発揮するドメインからなっていることから，個々の機能を解析できる技術革新が必要となり，新たな科学の部門が台頭してきた．それはケミカルジェネティクスあるいはケミカルバイオロジーとよばれる分野である[1]．すなわち，薬剤など低分子化合物を用いて，それが選択的に結合する標的タンパク質の特定機能およびそれが関与する制御ネットワークを研究するもので，生命科学の基礎研究から創薬という応用研究まで広範囲な領域を取り扱う．薬剤は標的タンパク質の特定ドメインに結合することで，そのドメインの機能だけを選択的に破壊あるいは活性化できる．それゆえ，低分子化合物やその誘導体を用いて，生体反応にかかわる標的タンパク質の特定ドメインの機能を解析し，ひいてはそのドメインが関与する制御ネットワークの全貌を解き明かし，これまでわからなかった複雑な生命現象を分子レベルで理解することが可能となる．

　そこで，低分子の化合物とその標的である高分子のタンパク質との相互作用の解析が重要となるが，それは従来の技術では困難であった．筆者らは，いち早い異分野融合研究によって，その相互作用を解析する革新的なアフィニティーラテックスビーズ（SGビーズ）を開発し，その驚異的な有効性を示してきた[2]．さらに近年，よりすぐれた機能をもつマグネタイト（フェライト*の一種）を含有したアフィニティー磁性ビーズ（FGビーズ）を開

---

*フェライトは東京工業大学の加藤与五郎，武井武両博士により発明され，それにより電子産業の基礎が築き上げられた本学の業績である．

発した[3]。このフェライト研究を継承する阿部正紀博士(東京工業大学名誉教授)との共同研究により,機能性ナノ磁性粒子の新規作製法,すなわち磁性酸化鉄であるフェライトの低温・常圧・中性条件下での合成,フェライト表面の多様な被覆法,フェライト粒子径の制御やその均一化などの独自技術を開発した.それを基盤として,アフィニティーFGビーズやそれを用いるスクリーニング自動化装置を,多摩川精機(株)との産学協同で開発し,その実用化,製品化を達成した.

また,これまでの基盤技術は,磁気回収とは別のフェライトの特徴である磁気検出,磁気輸送,磁気発熱を利用した磁気バイオセンサー,新規薬物送達システム(DDS),がんの磁気温熱療法などにも応用展開できる.ここでは,SGビーズやFGビーズの開発とそれらの驚異的な有効性を紹介するとともに,筆者らが最近開発している高機能性ナノ磁性ビーズの医療・バイオへの応用,すなわち新規MRI造影剤,磁気温熱療法剤,磁気センサープローブなどの異分野融合による研究成果も紹介する.

1.2 アフィニティーラテックスビーズの開発

筆者らは,低分子化合物の標的タンパク質を同定する革新的なアフィニティー精製技術を開発した.それは,ジビニルベンゼン(DVB)で架橋されたポリスチレン(ポリSt)とポリグリシジルメタクリレート(ポリGMA)の共重合体を核として,この表面をポリGMAで被覆した粒径200 nmの無孔性ラテックスビーズである(図1.1a)[2].StとGMAからなるので"SGビーズ"と名づけた.

SGビーズの特徴として,①高分散性,高可動性で,単位容積あたりの表面積が大きいことから,1 mgあたり最大数百nmolのリガンドをビーズ上に固定化できるため,目的物質の回収効率が格段にすぐれている.②ビーズ表面はポリGMAで覆われていることから適度に親水性で,非特異的物質の吸着が少なく,回収される物質の純度が高い.③簡便で迅速なバッチ精製法を用いるので,多検体の同時処理が可能で,競合阻害実験や化合物に対する感受性の異なる細胞抽出液や,異なる活性の化合物誘導体の同時比較など多様な実験に対応でき,多くの情報量が得られる.④繰り返しの遠心分離に耐え得る強度をもち,また有機溶媒に耐性を示すことから,GMAのエポキシ基を足がかりに,核酸やタンパク質,薬剤など多彩な物質をビーズ上に固定化できる.しかし,場合によってはリンカーとしてエチレングリコールジグリシジルエーテル(EGDE)の導入を必要とする(図1.3b参照).これは,低分子化合物を直にビーズ上に固定化すると,高分子のタンパク質は立体障害のために化合物と効率よく結合できないためである.

SGビーズは,従来のクロマトグラフィー用担体の欠点を解消し,これまで不可能であった細胞組織の粗抽出液からの一段階精製を実現可能にした革新的な担体である.その結果,

1.3 アフィニティー磁性ビーズの開発

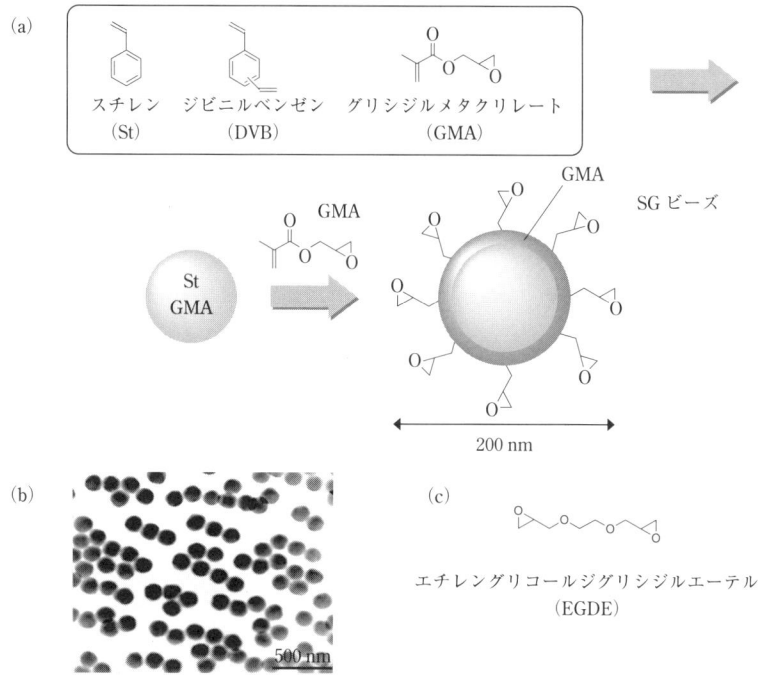

図 1.1 (a) アフィニティーラテックスビーズ (SG ビーズ) の作製スキーム, (b) SG ビーズの電子顕微鏡写真, (c) エチレングリコールジグリシジルエーテル.

DNA 固定化 SG ビーズにより, 特異塩基配列を認識する転写因子群の全メンバーを一挙に一段階精製でき, 同時にキナーゼ活性も共分離できた[4]. それが契機となって, 約 60 年前に開発され, 世界中の転写研究者の興味の対象であった転写と同時にキナーゼ阻害剤 DRB (5,6-dichloro-1-β-D-ribofuranosylbenzimidazole) の作用機構を解明するとともに, RNA ポリメラーゼ II による mRNA 合成速度がブレーキ因子やアクセル因子によって動的に制御されていることを発見した[5]. また, アフィニティーラテックスビーズは細菌毒素などのタンパク質およびペプチドなどに選択的に結合する標的分子を単離・同定することを可能にし, 薬剤の標的タンパク質の研究に革新をもたらした[6].

1.3 アフィニティー磁性ビーズの開発

次に, 高速かつ多検体同時処理が可能なハイスループットスクリーニングシステム (HTS) の確立をめざし, SG ビーズの特性を兼ね備えた新規磁性ビーズの開発に挑戦した. 通常, 粒径が 10 nm 以下の磁性酸化鉄のナノ粒子は磁化が弱く[7], 磁石に対する応答性が

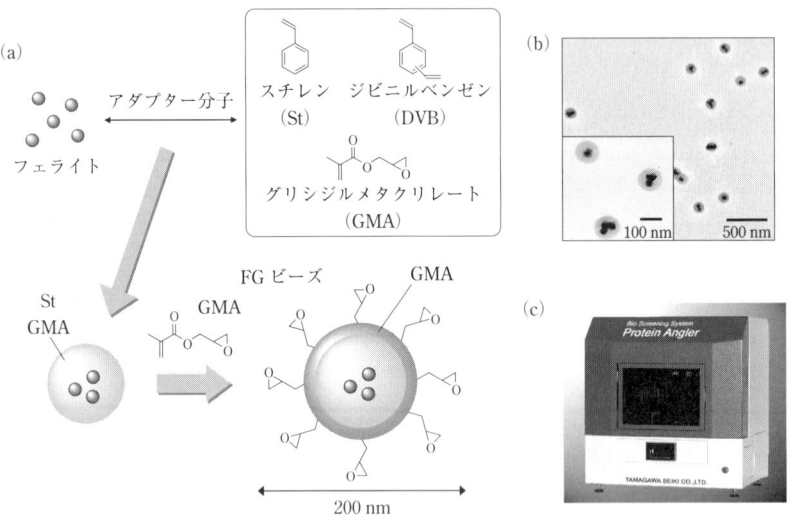

図1.2 (a)アフィニティー磁性ビーズ(FGビーズ)の作製スキーム, (b)FGビーズの電子顕微鏡写真, (c)FGビーズを用いる自動化スクリーニング装置.

低い.そこで,磁石による磁気回収が可能な,大きなフェライトを核にもつ磁性ビーズを作製するために,粒子径が数〜200 nmの間で均一のフェライトを合成する技術を確立し[8],粒子径が約40 nmのフェライトをSGビーズのようにポリSt/ポリGMA共重合体とポリGMAで被覆できるよう,フェライト表面の修飾・加工方法を検討した[9].フェライトは親水性であり,ポリStをはじめとするポリマーは疎水性であるため,水と油の関係にある.そのため,このままではフェライトをポリマーで包み込むことは困難であるので,両方の間を仲介する物質が必要であると考えた.フェライトと強固に結合し,しかもポリマーによる被覆が可能な官能基をもつ分子を探索し,2つのカルボキシル基を近位にもつ分子がフェライトと強固に結合することを見いだした[10].

そこで,2つのカルボキシル基をもち,さらにほかに重合反応の開始点となるビニル基をあわせもつ分子であれば,フェライト表面を自在に修飾・加工できると考え,このような分子を"アダプター分子"と名づけた.多くの候補物質の中からアダプター分子を選定し,それを介して粒子径約40 nmのフェライト表面でStとGMAの共重合化反応を行い,さらにGMAでシード重合することで,すぐれた磁気応答性を有する粒子径約200 nmの新規アフィニティー磁性ビーズの作製に成功した(図1.2a, b)[3,11].筆者らが開発したアフィニティー磁性ビーズは,数個のフェライトを核とし,ポリGMAで表面が覆われているので,"FGビーズ"と名づけた.

FGビーズは市販の磁石で容易に回収でき,アフィニティー精製用担体としてはSGビー

ズと同様のすぐれた性能をもつ．また，市販の磁性ビーズは磁性体を包んでいるポリマー層が解離しやすく，形状が不均一であり，そのために性状や形状に由来する非特異的吸着のために精製画分に夾(きょう)雑物が混入し，純度が低い．しかしながら，FG ビーズではポリ St/ポリ GMA 共重合体やポリ GMA がフェライトから解離することはない．加えて，FG ビーズは均一な形状であり，SG ビーズと同様に非特異的吸着が少なく，高回収率・高純度・高速での一段階精製が可能である[3,11]．また FG ビーズは，SG ビーズと同様にポリ GMA に由来するエポキシ基を表面に有し，しかも SG ビーズよりもはるかに強い有機溶媒耐性を示すことから，FG ビーズ表面の修飾・加工やリガンド固定化が多様化した．

FG ビーズはすぐれたアフィニティー精製能を示し，かつ容易に磁気回収できるので，FG ビーズを用いる目的物の精製ステップを自動化できる．多検体を同時に処理するアフィニティー精製の自動化は，再現性の高い機械装置の駆動性能が要求される．筆者らは，多検体を簡便にかつ効率よく処理できる，FG ビーズを利用するスクリーニング自動化装置を多摩川精機(株)と共同開発した(図 1.2c)[3]．実際に，この自動化装置を用いて薬剤固定化 FG ビーズによりアフィニティー精製を行うと，薬剤標的タンパク質を再現性高く，高純度・高回収率に精製できることを確認している[11]．この結果は，FG ビーズと自動化装置が，薬剤を含むさまざまな生理活性物質と選択的に結合する標的タンパク質の網羅的なスクリーニングや解析に，たいへん有効であることを示すものである．

1.4　薬剤に対する標的タンパク質の単離・同定と機能解析

1.4.1　免疫抑制剤 FK506 を用いるモデル実験

FK506(図 1.3a)は，臓器移植における拒絶反応を阻害する強力な免疫抑制剤であり，その標的タンパク質が FKBP12 であることはよく知られている．通常，免疫担当 T 細胞においては，抗原などの細胞外刺激による IP_3 活性化に継ぐシグナル伝達を介してカルシニューリンが活性化される．その結果，リン酸化されている不活化型の転写因子 NFAT (nuclear factor of activated T cells)が脱リン酸化され，活性化型となって核内に移行して DNA に結合し，その支配下にある IL-2 などの免疫関連遺伝子群の発現を誘導し，免疫反応を引き起こす．ところが，FK506 は FKBP12 に結合してその複合体がカルシニューリンと結合し，NFAT の脱リン酸化を阻害することによって免疫抑制作用を示す[12]．この周知の事実をモデル実験系として，アフィニティー SG ビーズの威力を証明することにした．

そこで，SG ビーズと従来のアフィニティー精製用担体であるアガロースビーズに FK506 を固定化し，両方のビーズを用いて，ヒト T 細胞由来の Jurkat(ジャーカット)細

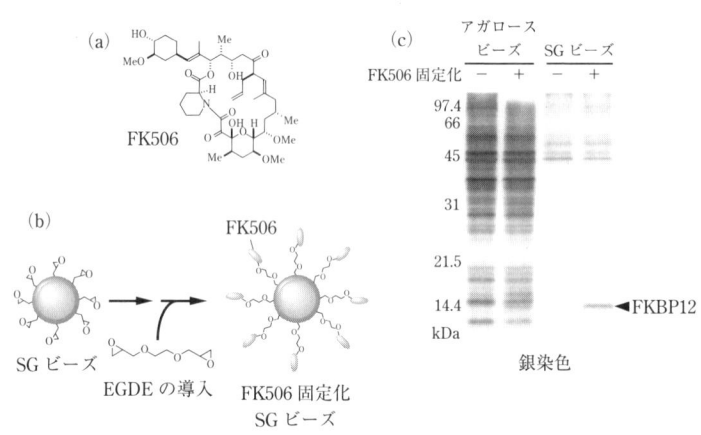

図 1.3 (a)免疫抑制剤 FK506，(b)FK506 固定化 SG ビーズの作製，(c)アフィニティー精製における SG ビーズとアガロースビーズの比較．

胞粗抽出液から FK506 と結合するタンパク質をアフィニティー精製し，純度や回収量を比較した．アガロースビーズでは非特異的に結合する夾雑物が多く検出され，FKBP12 の同定が困難であった．一方 SG ビーズでは，FKBP12 が単一バンドとして回収され，質量分析法やウエスタンブロットからも FKBP12 であることが確認された(図 1.3c)．この結果は，SG ビーズを用いるアフィニティー精製が，従来では不可能な一段階で薬剤の標的タンパク質の精製を実現可能にする革新的な技術であることを証明するものである[2]．

1.4.2 抗がん剤メトトレキセートの新規作用機構の解析

メトトレキセート(MTX)は，急性白血病治療の第一候補の抗がん剤である(図 1.4a)[13]．MTX は葉酸とその分子構造が類似しており，プリン・ピリミジンの *de novo* 合成経路の主要な代謝酵素 DHFR(dihydrofolate reductase)に葉酸と競合して強固に結合し，DHFR 活性を阻害することが知られている．DHFR は葉酸を還元し，*de novo* 合成経路に必須な代謝中間体であるジヒドロ葉酸やテトラヒドロ葉酸を産生する．したがって，MTX による *de novo* 核酸合成の阻害は，細胞増殖の盛んな悪性腫瘍の DNA 複製を阻害し，細胞死を引き起こす．また，MTX は慢性関節リウマチの有効な治療薬でもあるが，その詳細な機構は不明である．さらに近年，バーキットリンパ腫など悪性白血病に対して複数の抗がん剤，たとえば MTX と araC の併用が有効であることがわかり，MTX の DHFR 活性阻害だけでは説明できない事例が出てきた．

そこで，DHFR 以外の MTX 標的タンパク質をアフィニティー FG ビーズを用いて探索した．MTX は分子内に 2 つのカルボキシル基をもつため，α 位と γ 位の異なる位置のカ

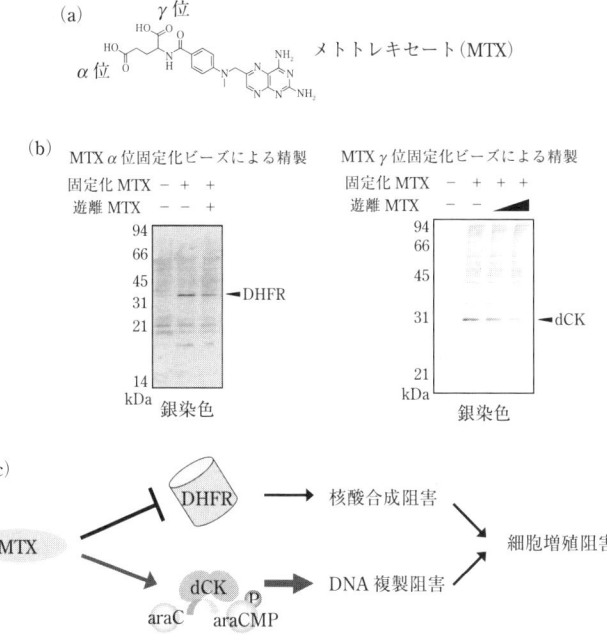

図1.4 (a)メトトレキセート，(b)異なる部位で固定化したMTXアフィニティーFGビーズによる標的タンパク質の単離・純化，(c)高濃度MTXとaraCの併用療法の分子機構.

ルボキシル基を介してMTXを固定化したFGビーズを2種類作製した．α位で固定化したFGビーズでは，既知のターゲットであるDHFRが選択的にアフィニティー精製された(図1.4b)．ところが，γ位で固定化した場合ではDHFRとは異なる単一のタンパク質が精製され，質量分析の結果からデオキシシチジンキナーゼ(dCK)と同定された[14]．dCKは核酸の再利用(salvage)合成経路の重要な酵素で，核酸前駆体であるデオキシシチジン(dC)をリン酸化しdCMPを産生する．dCMPはdCDPを経てdCTPに変換されて，DNAに取り込まれる．dCの類似物であるaraCもdCKによってリン酸化され，araCMPが産生される．さらにaraCDP，araCTPへと変換され，複製中の染色体DNAに取り込まれてDNA複製を阻害し，抗腫瘍活性を示すことが知られている．

dCKがMTXの新たな標的タンパク質であると明らかとなってから，筆者らは，悪性白血病に対してMTXとaraCを併用して治療する理由を分子レベルで解明することができた．興味深いことに，MTXはdCKに結合し，araCをリン酸化し，araCMPに変換する酵素活性を促進することが，in vitroおよびin vivo両実験系によって明らかとなった．また，バーキットリンパ腫などの悪性白血病細胞では，他のがん細胞と比較してdCKの発現量

7

が多く，MTXとaraCの同時投与によって細胞死が顕著に引き起こされることがわかった．したがって，MTXとaraCの併用療法では，MTXがDHFRを介してDNA複製を阻害する経路と，MTXがdCKを介してaraCをaraCTPへ変換し，DNA複製を阻害する経路とがあいまって，より効果的に悪性白血病細胞のアポトーシスを誘発することがわかった(図1.4c)[14]．これは，これまで未知であった薬理作用をケミカルバイオロジーによって解明できた具体例の1つである．

1.5　薬剤候補化合物のスクリーニングシステムの開発

次に，SGビーズを用いて薬剤候補化合物をスクリーニングするシステムの確立をめざして，免疫抑制剤FK506の標的タンパク質FKBP12を用いて検討した(図1.5a)[15]．前述のように，SGビーズはその表面を多様に修飾・加工できるために，低分子化合物のみならず，核酸やタンパク質などさまざまな生体高分子もビーズ上に固定化できる．タグつきの組換えFKBP12を大腸菌で量産し，タグ中に含まれるイミダゾール基とトシル基とのカップリング，あるいはアミノ基とカルボキシル基を活性化させたスクシミド基とのカップリングによって，FKBP12をSGビーズ上に固定化した．ビオチン標識化FK506とFKBP12固定化SGビーズを用いてそれらの相互作用を検討すると，FK506はFKBP12の固定化量に依存して結合し，この結合はFK506の添加により抑制されることから，FK506はFKBP12固定化SGビーズに選択的に結合していることがわかった．そこで，SGビー

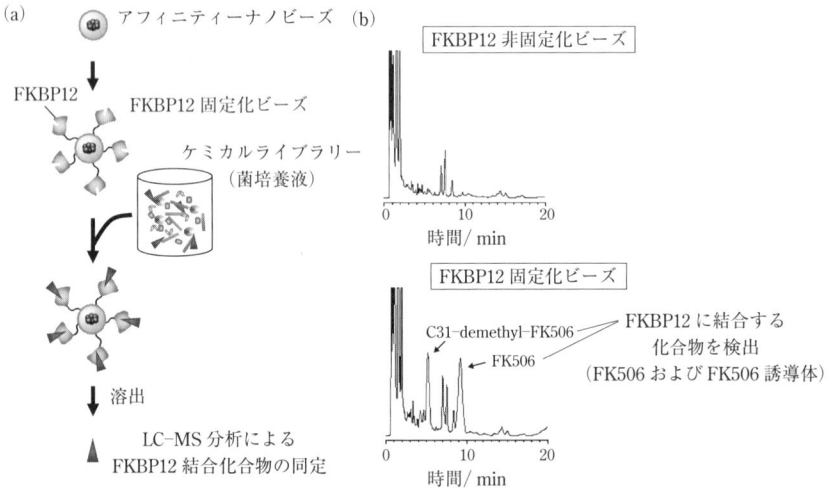

図1.5　(a)FKBP12固定化SGビーズの作製と薬剤スクリーニングの流れ，(b)FKBP12結合化合物のLC-MS分析による解析・同定．

ズに特定のタンパク質を固定化すれば，それと選択的に結合する低分子化合物を単離・純化できると推測し，FKBP12固定化SGビーズを用いて，化合物ライブラリーからFK506の選択的な単離・純化を試みた．FK506はStreptmyces tsukubaensis菌株から得られた生理活性天然物であるので[16]，FKBP12固定化SGビーズをこの菌株の培養液と混合した後，FKBP12と結合する化合物を回収し，回収物をLC-MSで分離・分析した．その結果，FK506とともにその誘導体であるC31-demethyl-FK506が一段階で回収された[15]．この結果は，特定タンパク質と選択的に結合する化合物をアフィニティーSGビーズにより単離・純化できることを示唆している．SGビーズと同様に，FGビーズと自動化装置による化合物スクリーニングシステムは，医薬品候補物質の一次スクリーニングおよび活性薬剤の評価や最適化などに非常に有効であると期待される[17]．

1.6　高機能性ナノ磁性ビーズの構築と医療，バイオへの応用

　これまで築き上げてきた基盤技術によって，フェライトの粒子径制御や均一化技術，粒子径の大きなフェライトを1個だけ被覆する技術，フェライト表面を多様に被覆する技術を独自に開発してきたので，磁気センサーや磁気発熱などに応用展開できる高機能性ナノ磁気プローブを作製できる基盤技術を確立することができた．また筆者らは，バキュロウイルス発現系を用いて組換えウイルスカプシドタンパク質を量産し，その自己組織化により試験管内でナノカプセルを形成するシステムを独自に開発してきた[18]．近年，粒子径30 nm弱のフェライトの作製技術と，カプシドタンパク質の自己組織化技術を融合して，カプシドタンパク質内にフェライトを内包させた粒子径約40 nmのナノ磁性カプセルを構築する技術を開発した．このナノ磁性カプセルはきわめて分散性にすぐれており，カプセル表面を遺伝子工学的あるいは化学的に改変できることから，特定の分子や細胞に対する指向性・認識性を付与する技術を開発している．このナノ磁性カプセルおよび高機能性ナノ磁性ビーズは，体外における磁気センサーのプローブとして有用であり，体内における病巣へのターゲットと磁気発熱用のプローブとしてもすぐれた有効性が期待される．

　現在筆者らが重点的に研究開発を行っているのは，病変組織を高速・高感度に検出し，診断できる磁気センサーの開発であり，とくに，疾患状態の高速診断(10分以内)が手術中や診断中でも簡単にでき，術式や診断の適正化や変更が可能な新規システムの開発である．もう1つは磁気温熱療法の開発であり，がん組織を高機能性ナノ磁気プローブで認識・標識し，ときには磁気プローブをがん細胞内に運び込み，交流磁界で発熱させて，がん細胞を選択的に熱破壊する戦略である．近年，免疫療法と称して，がん末期患者から免疫担当細胞を体外に取り出し，試験管内で活性化して再び体内に戻し，活性化された免疫担当細胞によってがん細胞を選択的に攻撃するというがん療法が開発されている．ところが，

磁気温熱療法による熱破壊により，がん細胞から抗原やアジュバント様物質が放出され，上記の体外での免疫療法と同様に体内で免疫担当細胞を活性化できる．したがって，磁気温熱療法はがん細胞の熱破壊とともにがん細胞の免疫的治療効果も加味されるので，すぐれた次世代がん療法と期待できる．とくに，転移がんに対しても免疫的治療効果があるので，難治性転移がんの新たな治療法として期待される．筆者らは異分野融合研究を強化拡大し，磁気センサーおよび磁気温熱療法の開発を図っている[19]．

1.7 おわりに

筆者らが独自に開発したアフィニティービーズは，薬剤の標的タンパク質および薬剤候補化合物の単離・精製に対しても有効なツールであり，創薬や医療などの応用研究に役だつばかりでなく，標的タンパク質が関与する複雑な生体反応やネットワークの制御機構が解明でき，生命科学の基礎研究にも多大に貢献すると期待される．また，疾病関連タンパク質の機能を制御する低分子化合物や医薬品候補物質のスクリーニングにおいても，SGビーズやFGビーズはきわめて有効に性能を発揮することから，タンパク質固定化ビーズによる，薬剤候補化合物スクリーニングシステムの開発を推進している．今後，薬剤を含め，有害物質である内分泌撹乱化学物質（環境ホルモン），アミノ酸やその類似物質，糖タンパク質などの生理活性物質と，それらと相互作用する標的タンパク質との網羅的な解析を推し進め，生理活性物質とタンパク質の間の相互作用やそのネットワークをデータベース化して，基礎研究にも応用研究にも貢献できるシステムの確立を図っていく．これらの総合的な分析から高機能性生理活性物質の分子設計が容易になり，副作用のない次世代薬剤やテーラーメイド薬剤の開発，有害化学物質や微量の内分泌撹乱化学物質などを検出できる高機能バイオセンサーの開発など，さまざまな応用展開が期待できる．

高機能性ナノ磁性ビーズは，アフィニティースクリーニングに利用され，生命科学の基礎から医療・バイオへの応用まで，ポストゲノム科学の研究に広く活用されるとともに，高速・高感度磁気センサープローブや新規MRI造影剤，磁気温熱療法剤などとしても利用できるので，医療・バイオにおける次世代技術として，大いに役だつことが期待される．

引用文献

1) 半田宏編，ケミカルバイオロジー・ケミカルゲノミクス，シュプリンガー・フェアラーク（2005）；坂本聡，加部泰明，半田宏，化学と生物，**45**, 712(2007)；加部泰明，半田宏，蛋核酵，**52**, 1637(2007)
2) N. Shimizu, K. Sugimoto, J. Tang, T. Nishi, I. Sato, M. Hiramoto, S. Aizawa, M. Hatakeyama, R. Ohba, H. Hatori, T. Yoshikawa, F. Suzuki, A. Oomori, H. Watanabe, H. Tanaka, H. Kawaguchi, H. Handa, *Nature Biotechnol.*, **18**, 877(2000)；M. Hiramoto, N. Shimizu, T. Nishi, D. Shima, S.

引用文献

Aizawa, H. Tanaka, M. Hatakeyama, H. Kawaguchi, H. Handa, *Methods Enzymol.*, **353**, 81 (2002) ; 半田宏, 川口春馬, ナノアフィニティビーズのすべて, 中山書店(2003) ; M. Hatakeyama, K. Nishino, M. Nakamura, S. Sakamoto, Y. Kabe, T. Wada, H. Handa, *Jpn. J. Polym. Sci. Technol.(Kobunnshi Ronbunshu)*, **64**, 9(2007) ; S. Sakamoto, Y. Kabe, M. Hatakeyama, Y. Yamaguchi, H. Handa, *Chem. Rec.*, **9**, 66(2009)

3) K. Nishio, Y. Masaike, M. Ikeda, H. Narimatsu, N. Gokon, S. Tsubouchi, M. Hatakeyama, S. Sakamoto, N. Hanyu, A. Sandhu, H. Kawaguchi, M. Abe, H. Handa, *Colloids and Surfaces B : Biointerfaces*, **64**, 162(2008)

4) Y. Inomata, H. Kawaguchi, M. Hiramoto, T. Wada, H. Handa, *Anal. Biochem.*, **206**, 109(1992) ; T. Wada, H. Watanabe, H. Kawaguchi, H. Handa, *Methods Enzymol.*, **254**, 595(1995) ; T. Wada, T. Takagi, Y. Yamaguchi, T. Kawase, M. Hiramoto, A. Ferdous, M. Takayama, K.A.W. Lee, H.C. Hurst, H. Handa, *Nucleic Acids Res.*, **24**, 876(1996)

5) T. Wada, T. Takagi, Y. Yamaguchi, A. Ferdous, T. Imai, S. Hirose, S. Sugimoto, K. Yano, G.A. Hartzog, F. Winston, S. Buratowski, H. Handa, *Genes Dev.*, **12**, 343(1998) ; T. Wada, T. Takagi, Y. Yamaguchi, D. Watanabe, H. Handa, *EMBO J.*, **17**, 7395(1998) ; Y. Yamaguchi, T. Takagi, T. Wada, K. Yano, A. Furuya, S. Sugimoto, J. Hasegawa, H. Handa, *Cell*, **97**, 41(1999) ; T. Wada, G. Orphanides, J. Hasegawa, D.-K. Kim, D. Shima, Y. Yamaguchi, A. Fukuda, K. Hisatake, S. Oh, D. Reinberg, H. Handa, *Mol. Cell*, **5**, 1067(2000) ; S. Guo, Y. Yamaguchi, S. Schilbach, T. Wada, J. Lee, A. Goddard, D. French, H. Handa, A. Rosenthal, *Nature*, **408**, 366(2001) ; Y. Yamaguchi, J. Filipovska, K. Yano, A. Furuya, N. Inukai, T. Narita, T. Wada, S. Sugimoto, M.M. Konarska, H. Handa, *Science*, **293**, 124(2001) ; C.-H. Wu, Y. Yamaguchi, L. Benjamin, M. Horvat-Gordon, J. Washinski, E. Enerly, A. Lambertsson, H. Handa, D. Gilmour, *Genes Dev.*, **17**, 1402(2003) ; M. Endo, W. Zhu, J. Hasegawa, H. Watanabe, D.-K. Kim, M. Aida, N. Inukai, T. Yamada, A. Furuya, H. Sato, Y. Yamaguchi, S.S. Mandal, D. Reinberg, T. Wada, H. Handa, *Mol. Cell. Biol.*, **24**, 3324(2004) ; S.E. Aiyar, J.-L. Sun, L.A. Blair, A.C. Moskaluk, Y. Lv, O.-N. Ye, Y. Yamaguchi, A. Mukherjee, D.-M. Re, H. Handa, R. Li, *Genes Dev.*, **18**, 2134(2004) ; G. Wang, M.A. Balamotis, J.L. Stevens, Y. Yamaguchi, H. Handa, A.J. Berk, *Mol. Cell*, **17**, 683(2005) ; T. Yamada, Y. Yamaguchi, N. Inukai, S. Okamoto, T. Mura, H.Handa, *Mol. Cell*, **21**, 227(2006) ; M. Aida, Y. Chen, K. Nakajima, Y. Yamaguchi, T. Wada, H. Handa, *Mol. Cell. Biol.*, **16**, 6094 (2006) ; T. Narita, T.M.C. Yung, J. Yamamoto, Y. Tsuboi, H. Tanabe, K. Tanaka, Y. Yamaguchi, H. Handa, *Mol. Cell*, **26**, 349(2007)

6) T. Zenkoh, H. Hatori, H. Tanaka, M. Hasegawa, M. Hatakeyama, Y. Kabe, H. Setoi, H. Kawaguchi, H. Handa, T. Takahashi, *Org. Lett.*, **6**, 2477(2004) ; Y. Kabe, M. Ohmori, K. Shinouchi, Y. Tsuboi, S. Hirano, M. Azuma, H. Watanabe, I. Okura, H. Handa, *J. Bio. Chem.*, **281**, 31729 (2006) ; N. Yamamoto, M. Suzuki, K. Kawano, T. Inoue, R. Takahashi, H. Tsukamoto, T. Enomoto, Y. Yamaguchi, T. Wada, H. Handa, *J. Virol.*, **81**, 1990(2007) ; Y. Iizumi, H. Sagara, Y. Kabe, M. Azuma, K. Kume, M. Ogawa, T. Nagai, P.G. Gillespie, C. Sasakawa, H. Handa, *Cell Host & Microbe*, **2**, 383(2007) ; Y. Agawa, M. Sarhan, Y. Kageyama, K. Akagi, M. Takai, K. Hashiyama, T. Wada, H. Handa, A. Iwamatsu, S. Hirose, S. Ueda, *Mol. Cell. Biol.*, **27**, 8739 (2007) ; M. Yoshida, Y. Kabe, T. Wada, A. Asai, H. Handa, *Mol. Pharmacol.*, **73**, 987(2008) ; Y. Hase, M. Tatsuno, T. Nishi, K. Kataoka, Y. Kabe, Y. Yamaguchi, N. Ozawa, M. Natori, H. Handa, H. Watanabe, *Biochem. Biophys. Res. Commun.*, **366**, 66(2008) ; M. Azuma, Y. Kabe, C.

Kuramori, M. Kondo, Y. Yamaguchi, H. Handa, *PLoS ONE*, **3**, e3070 (2008) ; J. Kang, M. Gemberling, M. Nakamura, F.G. Whitby, H. Handa, W. Fairbrother, D. Tantin, *Genes Dev.*, **23**, 208 (2009) ; C. Kuramori, M. Azuma, K. Kume, Y. Kaneko, A. Inoue, Y. Yamaguchi, Y. Kabe, T. Hosoya, M. Kizaki, M. Suematsu, H. Handa, *Biochem. Biophys. Res. Commun.*, **379**, 519 (2009) ; C. Kuramori, Y. Hase, K. Hoshikawa, K. Watanabe, T. Nishi, T. Hishiki, T. Soga, A. Nashimoto, Y. Kabe, Y. Yamaguchi, H. Watanabe, K. Kataoka, M. Suematsu, H. Handa, *Toxicol. Sci.*, in press (2009)
7) 壺内信吾, 池田森人, 成松宏樹, 半田宏, ソフトナノテクノロジー, バイオマテリアル革命(田中順三, 下村政嗣監修), p.216, シーエムシー出版 (2005)
8) K. Nishio, M. Ikeda, N. Gokon, S. Tsubouchi, H. Narimatsu, Y. Mochizuki, S. Sakamoto, A. Sandhu, M. Abe, H. Handa, *J. Magn. Magn. Mater.*, **310**, 2408 (2007)
9) 壺内信吾, ナノ粒子・マイクロ粒子の最先端技術 (川口春馬監修), p.219, シーエムシー出版 (2004) ; 郷右近展之, 西尾広介, 半田宏, *BIO INDUSTRY*, **21**, 21 (2004) ; 西尾広介, 医療用マテリアルと機能膜 (樋口亜紺監修), p.204, シーエムシー出版 (2005)
10) K. Nishio, N. Gokon, M. Hasegawa, Y. Ogura, M. Ikeda, H. Narimatsu, M. Tada, Y. Yamaguchi, S. Sakamoto, M. Abe, H. Handa, *Colloids and Surfaces B: Biointerfaces*, **54**, 249 (2007)
11) K. Nishio, Y. Masaike, M. Ikeda, H. Narimatsu, N. Gokon, S. Tsubouchi, M. Hatakeyama, S. Sakamoto, N. Hanyu, A. Sandhu, H. Kawaguchi, M. Abe, H. Handa, *Colloids and surfaces B: Biointerfaces*, **64**, 162 (2008)
12) F.J. Dumont, *Curr. Med. Chem.*, **7**, 731 (2000)
13) L. Genestier, R. Pallot, L. Quemeneur, K. Izeradjene, J.-P. Revillard, *Immunopharmacology*, **47**, 247 (2000) ; G.S. Alarcon, *Immunopharmacology*, **47**, 259 (2000)
14) H. Uga, C. Kuramori, A. Ohta, Y. Tsuboi, H. Tanaka, M. Hatakeyama, Y. Yamaguchi, T. Takahashi, M. Kizaki, H. Handa, *Mol. Pharmacol.*, **70**, 1832 (2006)
15) Y. Ohtsu, R. Ohba, Y. Imamura, M. Kobayashi, H. Hatori, T. Zenkoh, M. Hatakeyama, T. Manabe, M. Hino, Y. Yamaguchi, K. Kataoka, H. Kawaguchi, H. Watanabe, H. Handa, *Anal. Biochem.*, **338**, 245 (2005)
16) H. Tanaka, A. Kuroda, H. Marusawa, H. Hatanaka, T. Kino, T. Goto, M. Hashimoto, *J. Am. Chem. Soc.*, **109**, 5031 (1987)
17) M. Suzuki, S. Furukawa, C. Kuramori, C. Sawa, Y. Kabe, M. Nakamura, J. Sawada, Y. Yamaguchi, S. Sakamoto, S. Inoue, H. Handa, *Biochem. Biophys. Res. Commun.*, **368**, 600 (2008)
18) K.-I. Ishizu, H. Watanabe, S.-I. Han, S.-N. Kanesashi, M. Hoque, H. Yajima, K. Kataoka, H. Handa, *J. Virol.*, **75**, 61 (2001) ; M.-A. Kawano, T. Inoue, H. Tsukamoto, T. Takaya, T. Enomoto, R.-U. Takahashi, N. Yokoyama, N. Yamamoto, A. Nakanishi, T. Imai, T. Wada, K. Kataoka, H. Handa, *J. Biol. Chem.*, **281**, 10164 (2006) ; H. Tsukamoto, M.-A. Kawano, T. Inoue, T. Enomoto, R.-U. Takahashi, N. Yokoyama, N. Yamamoto, T. Imai, K. Kataoka, Y. Yamaguchi, H. Handa, *Genes Cells*, **12**, 1267 (2007) ; T. Inoue, M.-A. Kawano, R.-U. Takahashi, H. Tsukamoto, T. Enomoto, T. Imai, K. Kataoka, H. Handa, *J. Biotechnol.*, **134**, 181 (2008) ; R.-U. Takahashi, S.-N. Kanesashi, T. Inoue, T. Enomoto, M.-A. Kawano, H. Tsukamoto, F. Takeshita, T. Imai, T. Ochiya, K. Kataoka, Y. Yamaguchi, H. Handa, *J. Biotechnol.*, **135**, 385 (2008)
19) 半田宏, 阿部正紀, 磁性ビーズのバイオ・環境技術への応用展開, (野田紘憙監修), シーエムシー出版 (2006)

2 個別化医療へ向けた遺伝子多型診断

2.1 はじめに

 2001年,国際ヒトゲノムプロジェクトチームおよび米国のベンチャー企業であるCelera Genomics社によりヒトゲノムのドラフト情報が発表され,2003年ついにヒトゲノムの解読が完了した.このヒトゲノムの解析に伴い,遺伝子中の塩基配列における個人差,すなわち遺伝子多型が数多く存在することが明らかになった.そして,国内外において健常人や疾病患者を対象とした遺伝子多型の検出が活発に行われてきた.遺伝子多型には,欠損,挿入,反復,置換などが含まれるが,そのうちの80％以上を占めているのが一塩基多型(single nucleotide polymorphism, SNP)である.SNPとは,ゲノム中の1塩基の違いを指し,その頻度が1％以上のものをいう(1％未満は突然変異という).SNPはヒトゲノム中に数百から1千塩基ごとに1つの割合で存在するとされ,これらの遺伝子多型は,タンパク質の発現量や機能に影響を与えることがある.ここでは,遺伝子多型とそれに基づく新しい医療の形である個別化医療,そして個別化医療にとって不可欠な遺伝子多型診断について解説する.

2.2 個別化医療

 薬剤を服用した際,患者の遺伝子多型によって,薬剤の効果がほとんど認められない場合や重篤な副作用を起こす場合がある.現在,大学や研究所,製薬企業などで,遺伝子多型に基づいた個別化医療の実現をめざしてさまざまな研究が行われている.個別化医療は,まず患者の遺伝子型を調べ,その遺伝子型に基づいた治療,薬剤の処方を行うことを目的としており,それによる治療成果の改善や副作用の軽減といった効果が期待される(図2.1).しかし,遺伝子多型に基づく新薬の開発には莫大な費用が必要であることや,臨床試験から新薬の承認までの期間が長期化することなどが問題であり,個別化医療の実現はまだむずかしい.また,個別化医療を実現するうえでは,どの遺伝子多型をターゲットと

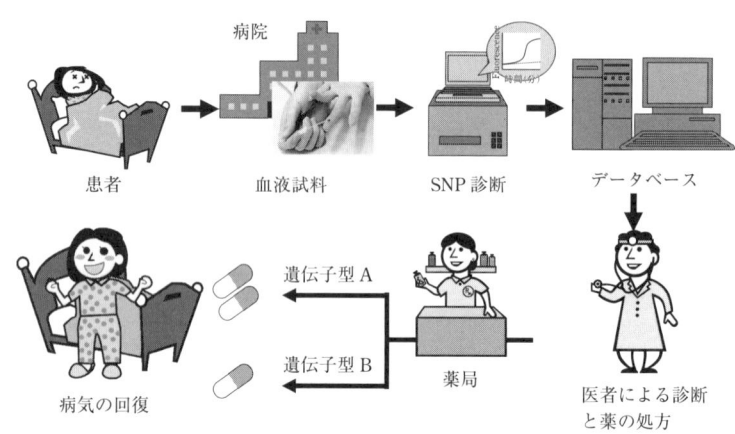

図 2.1　遺伝子多型診断による個別化医療の概念図.

するかが重要である．ターゲットとしては，薬物の作用機構に関与するものや，代謝や輸送を担うものがあげられる．とくに，さまざまな薬物の体内動態に関与するABCタンパク質は，新規薬物のスクリーニングに有用であるとして注目されている．

2.3　ABC トランスポーター

ヒトABCトランスポーターは，48種類の遺伝子からなるスーパーファミリーを構成しており，共通してABC(ATP-binding cassette, ATP結合部位)および膜貫通領域TMD (transmembrane domain)をもつ膜タンパク質である[1,2]．ABC中に一次構造がよく保存されたモチーフとして，Walker A(GXXGXGK-S/T)，Walker B(L/I/F-L/I-XD-E/D)，Walker C(LSGGQ)モチーフを含む[3]．ABCタンパク質の多くがATPに依存した内因性物質や外因性物質の輸送に関与しており，ABCトランスポーターともよばれている．またABCタンパク質は重要な生理的機能を有しているため，ABCタンパク質をコードする遺伝子の変異が遺伝性疾患の原因となっているものが多く，ABCB1，ABCG2などのように薬物耐性の原因となるものもある．

2.3.1　ABCB1(P-糖タンパク質, MDR1)

ABCB1タンパク質は，最初に発見されたABCタンパク質である．1976年V. Lingらが，多剤耐性(multidrug resistance, MDR)になったチャイニーズハムスター由来の多剤耐性細胞株に，分子量約170 kDaの糖タンパク質が過剰発現していることを発見した[4]．彼らは，この糖タンパク質が薬物の膜透過性を変化させることによって細胞を多剤耐性にしている

2.3 ABCトランスポーター

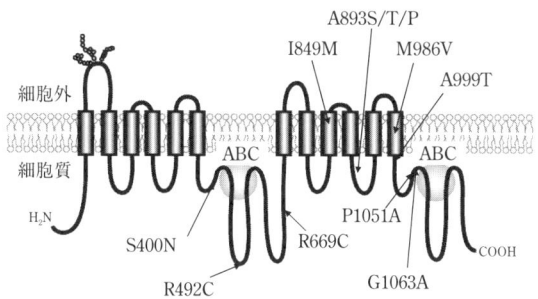

図2.2 ABCトランスポーターABCB1の模式図と，一塩基多型(SNP)によるアミノ酸置換(数字はアミノ酸の番号，アルファベットはアミノ酸の一文字表記).

という仮説をたて，permeability(透過性)のPをとって，P-糖タンパク質と名づけた[5]．一方1986年植田らはヒト多剤耐性細胞で遺伝子増幅していたMDR1遺伝子を単離した[6]．その後の研究により，MDR1はP-糖タンパク質をコードする遺伝子であると結論づけられ[7]，のちにMDR1とP-糖タンパク質は，新規国際命名法により*ABCB1*，ABCB1と命名された．

ABCB1は，1280アミノ酸残基からなる分子量約170 kDaの糖タンパク質で，2つのATP結合部位と12回の膜貫通領域を含む(図2.2)．ABCB1は，細胞形質膜においてATPの加水分解エネルギーを利用し，基質を能動的に細胞外へ排出する役割をしており，がん細胞だけでなく，小腸，大腸，肝臓，腎臓，血液脳関門，精巣，胎盤などの正常組織においても発現している[8]．ABCB1はこれまでに80種類以上もの薬物を輸送することが知られており，薬物の体内動態に大きく影響を与えているとされる．とくにABCB1はがん細胞において抗がん剤を排出するため，化学治療によるがんの克服を困難にする原因ともなる．

以上より，SNPによるABCB1の活性や基質特異性の変化を調べることは，個別化医療の実現に必須であると考えられる．しかしながら，*in vivo*での検証は副作用を伴う危険があり，創薬段階での*in vitro*の試験が必要である．そこで筆者らは，ヒト*ABCB1*遺伝子のアミノ酸が変わるSNP(非同義SNP)に着目し，そのSNPによるABCB1の活性および基質特異性への影響を*in vitro*で定量的に調べることにした．

2.3.2 変異型ABCB1の発現と機能解析

まず，ヒトABCB1において今までに報告されているSNPの情報を収集し(図2.2)，昆虫細胞発現用ベクターに挿入したABCB1 cDNAに，人為的に一塩基変異を導入した．作成した変異型ABCB1 cDNAをバキュロウイルスのゲノムDNAであるバクミドDNAへ組

15

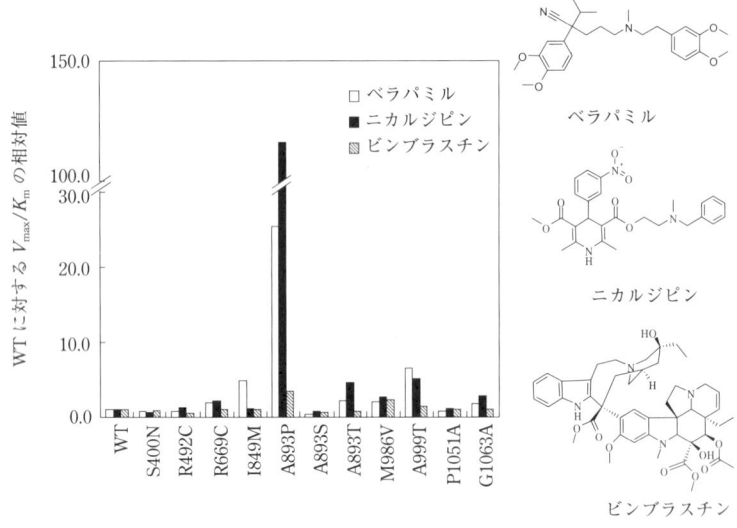

図2.3　各SNP変異型ABCB1の活性の比較(各薬物におけるWTの活性を1とする).

換え,精製したのち,Sf9昆虫細胞へ遺伝子導入した.これにより発生したバキュロウイルスを新たなSf9細胞に感染させることにより,ABCB1をSf9細胞に一過的に強制発現させた.このSf9細胞より形質膜画分を分離し,以降の活性測定実験に用いた[9,10].

ATPase活性測定法は,ABCB1が1分子の基質を輸送する際に2分子のATPを加水分解することにより発生する無機リン酸(inorganic phosphate, P_i)を定量する方法である[9,10].今回,ABCB1の代表的な基質である3種類の薬物(ベラパミル,ニカルジピン,ビンブラスチン)に対する濃度依存的なATPase活性測定を行った.その結果,薬物の濃度を横軸に上昇したATPase活性を縦軸にプロットすると,ミカエリス・メンテン(Michaelis-Menten)型の曲線を描くことがわかった.この結果より,V_{max}(最大初速度)およびK_m(V_{max}/2となるときの基質濃度,値が小さいほどタンパク質と基質の親和性が高い)を求め,WTに対するV_{max}/K_mの相対値を表したのが,図2.3である.この図より,ABCB1の1つのアミノ酸が変わることで,活性だけでなく基質特異性にも大きく影響を与えることが示唆された[11].

ここで,とくに基質特異性と活性を大きく変えたA893P, A893S, A893Tの変異型について,野生型との構造の違いを調べることにした.最近報告されたABCB1の相同タンパク質Sav1866のX線結晶構造データをもとに,ABCB1のホモロジーモデリングを行った(図2.4a)[11].893番目のアミノ酸を含む細胞内ループを抽出し,37℃における構造の変化をMDシミュレーションにより調べたところ,非常に高い活性を示したA893Pではループ

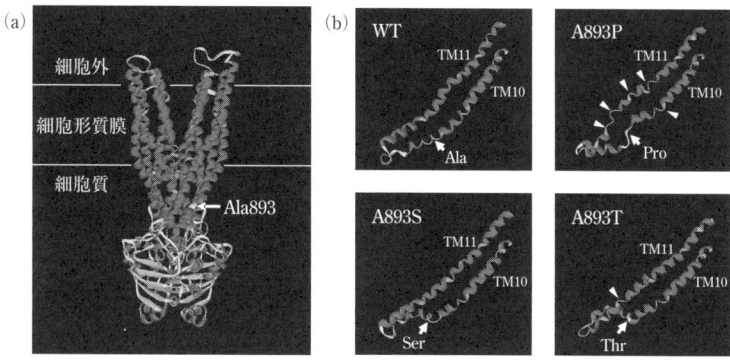

図 2.4 (a) ABCB1 の三次元ホモロジーモデル，(b) 893 番目のアミノ酸変異による膜貫通領域 (TM10 と TM11) の構造変化．

の構造が大きくゆがみ，A893S, A893T ではループの先端部分がねじれた形をとることが示された (図 2.4b)．これらのループ構造の変化が，ABCB1 の ATPase 活性や基質特異性に影響を与えているのではないかと推察される．また一方で，これらの SNP のアレル頻度を調べたところ，A893P はデータベースのみで報告され文献での報告がないことから，稀少な突然変異であると考えられる．それに対し日本人における A893S, A893T のアレル頻度は，それぞれ約 40，約 20% と非常に高いことがわかった．以上のように，1つのアミノ酸の変化で活性および基質特異性が変化する 893 番目のアミノ酸は，ABCB1 にとって重要な役割を果たしており，これらの SNP は個別化医療を実現するうえで重要な鍵を握っていると考えられる．

2.4 日本発の最速遺伝子型診断技術である SMAP 法

　個別化医療を行ううえでのターゲットの1つとして，ABCB1 の A893S と A893T に絞り込むことができたが，次に考えなければならないのは，患者の遺伝子多型を迅速かつ正確に判別する方法である．しかし，これまでに開発されてきた SNP 検出法は，① DNA テンプレートの抽出精製および PCR によるテンプレートの増幅，② SNP の検出，という2つの段階が必要で，迅速診断というにはほど遠かった．

　2007 年 (独) 理化学研究所の三谷らは，アレル特異的プライマーを用いて PCR を行うことにより，DNA テンプレートの精製および PCR によるテンプレートの増幅を省略した，高速かつ簡便な遺伝子型診断技術，SMAP 法 (smart amplification process) を開発したのでここに紹介する[12]．

17

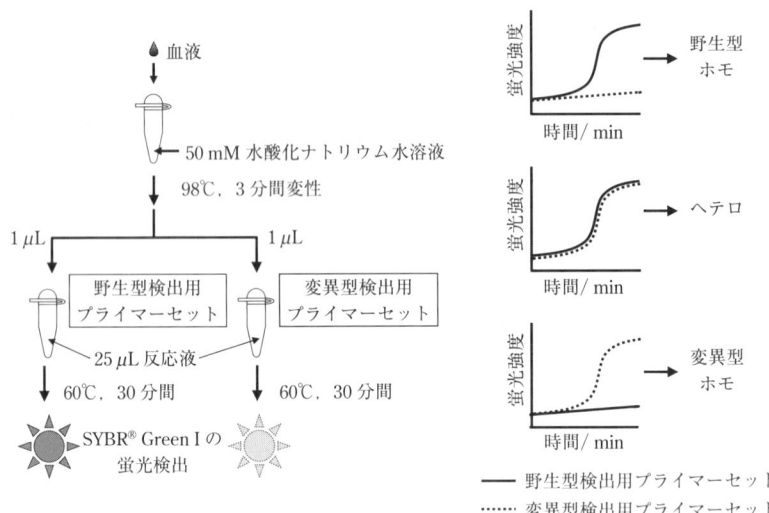

図 2.5 SMAP 法による SNP 検出の概要.

2.4.1 SMAP 法の原理

SMAP 法は，血液をアルカリ熱変性させたのち，鎖置換活性(DNAの二本鎖をほどいて新しくDNA鎖を伸長する活性)を有する *Aac* DNA ポリメラーゼを用いて等温(60℃)で DNA 増幅させることで，30分で，野生型ホモ，ヘテロ，または変異型ホモのいずれであるかを判定する方法である(図 2.5)．SMAP 法では，指数関数的に上昇するミスマッチ(プライマーの変異検出部位と鋳型の DNA 配列が一致しない組合せ)からの増幅を抑えるために，新しい独自の技術を用いている．1つは，高度好熱性細菌由来ミスマッチ結合タンパク質 *Taq* MutS で，DNA ポリメラーゼがミスマッチ部位に結合することで，バックグラウンドを抑えることができる(図 2.6a)．もう1つは非対称プライマーである[12]．

SMAP 法では，TP(turn-back primer)，FP(folding primer)，BP(boost primer)，OP1，OP2(outer primer)という5種類のプライマーを用いる(図 2.6b)．おもに DNA の増幅にかかわるプライマーは，TP と FP である．TP は，5' 末端が図 2.6 中の配列 Bc に相補的であり，TP から DNA が伸長した後に折り返す．また FP は，5' 末端がヘアピン構造を形成するように設計されている[12]．

2.4.2 個別化医療へ向けた SMAP 法の応用

SMAP 法では，TP, FP または BP の 3' 末端から 1〜3 塩基目，あるいは TP の 5' 末端から 1〜3 塩基目で SNP を認識することが可能であり，いろいろな遺伝子種に適応でき

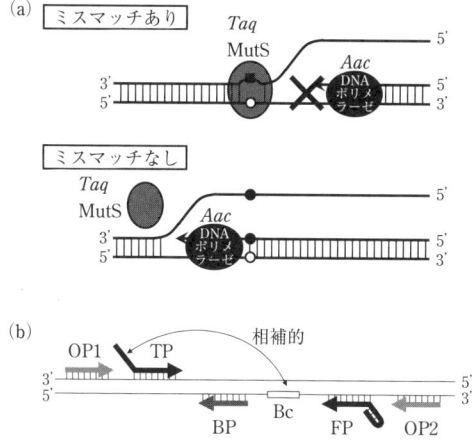

図 2.6　(a) SMAP 法における Taq MutS のミスマッチ増幅抑制機構と，(b) プライマーの設計．

る点も，今後の展開が期待される[13,14]．とくに，薬物代謝酵素 CYP2C19 遺伝子の SNP の判別には，よく似たサブタイプである CYP2C8，CYP2C9，CYP2C18 とも識別することが必要であり，従来の方法では判別不可能であった．しかし，SMAP 法では CYP2C19 のみを特異的に認識し，かつ SNP も 100% 判別でき，SMAP 法の正確性が十分に証明された[12]．

また，2.3.2 項で紹介した ABCB1 の 893 番目のアミノ酸置換を伴う SNP のように 1 つの塩基が 3 通りに変わる場合（グアニンからアデニンまたはチミン），従来の PCR-RFLP 法や TaqMan PCR 法などでは正確に判定することができなかった．そこで，SMAP 法による ABCB1 の SNP 判別への応用が期待される[13]．

また最近では，Taq MutS に代わるバックグラウンドを抑える技術として 3' 末端をアミノ化した CP (competitive probe) を用いた方法[14]，そして CP と Taq MutS を組み合わせる方法が開発され[15]，ますます多様な遺伝子種に対して応用が可能となった．SMAP 法は，単純かつ PCR によるテンプレートの増幅が必要ないことから，試料のコンタミネーションの危険がなく，エンドポイント（0 分後と 30 分後）の蛍光測定のみで判定可能な簡便な方法である．また，数コピーのゲノム DNA でも検出可能である．このように，SMAP 法は日本発の臨床への応用に最も近い遺伝子型判定法であり，世界中で一刻も早い実用化が期待されている．

2.5 おわりに

これまでに開発された遺伝子多型診断方法には，DNA アレイ法，PCR-RFLP 法，Invader 法などがあげられる．とくに，Roche Diagnostics の AmpliChip は CYP2D6 と CYP2C19 の SNP を解析する技術として，FDA（米国食品医薬品局）の承認を得ている（日本では，薬事認可の申請中である）．また，UGT1A1 の SNP 解析については，Invader 法が使われている．しかしながら，いずれも血液試料採取から 1 時間以内に診断することは不可能である．したがって，病院外来においてこれらの診断方法を直接応用することは困難である．これらの方法は，核酸の抽出，増幅，検出と複数の段階に分かれているため，それらを組み込んだ検査システムの開発は非常に困難である．たとえ開発できたとしても，臨床現場の汎用品レベルまで仕上げることは困難であり，また完成したとしても非常に高価な製品になると予想される．さらに，海外の特許をもとに開発された技術であるため，日本で検査が実施される際には特許使用料を支払わなければならない．そして，これにより日本における医療費負担の増大を招くおそれがある．したがって，わが国独自の遺伝子多型診断方法の開発は，個別化医療の実現において必要不可欠である．

SMAP 法（2.4 節）はわが国独自の技術であり，30 分で SNP 診断が終了するため，病院で外来患者の検査に応用することができる．そして SMAP 法は，その測定手順の簡便性により，特定の施設にとどまらず広く普及するだろう．たとえば，外科手術中におけるがんの浸潤度や悪性度，抗がん剤耐性などの特定にも適用でき，将来的な需要が見込まれる．さらに，臨床現場で検査した SNP 情報を管理するための IC カード，そして情報処理システムを構築し，その方法を国際標準化すれば，全世界の臨床現場で活用される診断システムを構築することも可能である．欧米主導に陥りがちな遺伝子多型診断技術の国際市場で，日本発の技術が主導権を握れるチャンスかもしれない．

薬物応答性遺伝子の多型を調べ，副作用の出ない最適な薬剤を最適な与薬量で処方する個別化医療は，すでに一部の医薬品や治療項目では実施されているが，5 年以内には本格的に実施され始めると予想されている．また，医薬品の臨床開発試験においては，対象となる被験者の遺伝子多型を調べることが FDA から要請されている（FDA Guidance for Industry: Pharmacogenomic Data Submissions. 2005 年 3 月発表）．さらに FDA は，ワルファリンおよびその後発薬の与薬量に関与する遺伝子多型（CYP2C9, VKORC1）情報を，添付文書に掲載することを決定し，ワルファリンおよびその後発薬の与薬前に遺伝子診断を行う方針を打ち出した（www.fda.gov/cder/drug/infopage/warfarin/default.htm）．FDA は，このことをファーマコゲノミクスと個別化医療時代に向けた重要な一歩としてとらえている．一方 OECD は，国際ワーキンググループが Guidelines for Quality Assurance in Molecular Genetic Testing のガイドラインを 2007 年 5 月に公開した．薬物応答性遺伝子および疾患関連遺伝子の分子遺伝学的診断方法の国際標準化が，今後実施されるだろう．

引用文献

1) T. Ishikawa, R. Allikimets, M. Dean, C. Higgins, V. Ling, H.M. Wain, *Xenobio. Metabol. Dispos.*, **15**, 8 (2000)
2) M. Dean, A. Rzhetsky, R. Allikmets, *Genome Res.*, **11**, 1156 (2001)
3) J.E. Walker, M. Saraste, M. J. Runswick, N. J. Gay, *EMBO J.*, **1**, 945 (1982)
4) R.L. Juliano, V. Ling, *Biochim. Biophys. Acta*, **455**, 152 (1976)
5) S.A. Carlsen, J.E. Till, V. Ling, *Biochim. Biophys. Acta*, **455**, 900 (1976)
6) K. Ueda, M.M. Cornwell, M.M. Gottesman, I. Pastan, I.B. Roninson, V. Ling, J.R. Riordan, *Biochem. Biophys. Res. Commun.*, **141**, 956 (1986)
7) K. Ueda, C. Cardarelli, M.M. Gottesman, I. Pastan, *Proc. Natl. Acad. Sci. USA*, **84**, 3004 (1987)
8) W. Kalow, U.A. Meyer, R.F. Tyndale 編，（石川智久監訳），ファーマコゲノミクス―21 世紀の創薬と個の医療―，テクノミック (2001)
9) T. Ishikawa, A. Sakurai, Y. Kanamori, M. Nagakura, H. Hirano, Y. Takarada, K. Yamada, K. Fukushima, M. Kitajima, *Methods Enzymol.*, **400**, 485 (2005)
10) A. Sakurai, A. Tamura, Y. Onishi, T. Ishikawa, *Expert Opin. Pharmacother.*, **6**, 2455 (2005)
11) A. Sakurai, Y. Onishi, H. Hirano, M. Seigneuret, K. Obanayama, G. Kim, E.L. Liew, T. Sakaeda, K. Yoshiura, N. Niikawa, M. Sakurai, T. Ishikawa, *Biochemistry*, **46**, 7678 (2007)
12) Y. Mitani, A. Lezhava, Y. Kawai, T. Kikuchi, A. Oguchi-Katayama, Y. Kogo, M. Itoh, T. Miyagi, H. Takakura, K. Hoshi, C. Kato, T. Arakawa, K. Shibata, K. Fukui, R. Masui, S. Kuramitsu, K. Kiyotani, A. Chalk, K. Tsunekawa, K. Murakami, T. Kamataki, T. Oka, H. Shimada, P.E. Cizdziel, Y. Hayashizaki, *Nat. Methods*, **4**, 257 (2007)
13) C. Hüebner, I. Petermann, B.L. Browning, A.N. Shelling, L.R. Ferguson, *Cancer Epidemiol. Biomarkers Prev.*, **16**, 1185 (2007)
14) Y. Kawai, T. Kikuchi, Y. Mitani, Y. Kogo, M. Itoh, K. Usui, H. Kanamori, A. Kaiho, H. Takakura, K. Hoshi, P.E. Cizdziel, Y. Hayashizaki, *Biologicals*, **36**, 234 (2008)
15) J. Watanabe, Y. Mitani, Y. Kawai, T. Kikuchi, Y. Kogo, A. Oguchi-Katayama, H. Kanamori, K. Usui, M. Itoh, P.E. Cizdziel, A. Lezhava, K. Tatsumi, Y. Ichikawa, S. Togo, H. Shimada, Y. Hayashizaki, *Biotechniques*, **43**, 479 (2007)

3 新規 siRNA 分子の創製

3.1 はじめに

　核酸の化学合成法の開発は，分子生物学の分野に革命的な進展を可能にしてきた．化学合成した複数の DNA 断片を DNA リガーゼで連結し，ある特定の遺伝子をコードする DNA 二重鎖を作製し，プラスミドベクターに導入する技術がその典型的な例であろう．DNA 合成技術は，その後 RNA 合成にも応用され，現時点では 20 ～ 30 量体程度の RNA なら受注業者に注文すれば，マススペクトルの解析データとともに簡単に入手できる．RNAi の現象が発見[1~3]されてから，にわかに短鎖 RNA 二重鎖が特定の遺伝子の発現停止に大きく効くことが一般的に認識され，RNA そのものの化学合成法が最近再び脚光を浴びている[4]．DNA の化学合成と比べると，RNA の化学合成は，2'-水酸基の存在のため，この官能基の保護基が必要であり，この保護基が縮合反応に直接影響する近接した場所に導入されるので，明らかに縮合反応の効率に影響がある．そのために，DNA よりも RNA の合成収率が悪くなるのは必然的なことである．また，RNA の合成収率を向上させることは，逆に DNA の合成にフィードバックされ，より長鎖の DNA が合成できるようになることを意味する．

　このような状況下，この数年国内外で RNA の合成法の開発が新しい展開をみせている[5]．とくに RNAi を利用する人工的な短鎖 RNA(short interfering RNA，略号 siRNA)二重鎖の医療に向けた研究が数多く報告されている[6,7]．ここでは，RNA そのものの合成と，RNA を安定化した修飾 siRNA の合成に関する最新の研究について述べたい．

3.2　RNA の化学合成法の開発

　現在最も汎用され，受注業者で採択されている RNA の化学合成法は，2'-水酸基を t-ブチルジメチルシリル(TBDMS)基で保護するものである(図 3.1a)[8]．また，RNA は 2'-水酸基が存在するので，その隣接基効果で，中性条件で長期保存したり，熱をかけたり，

3.2 RNAの化学合成法の開発

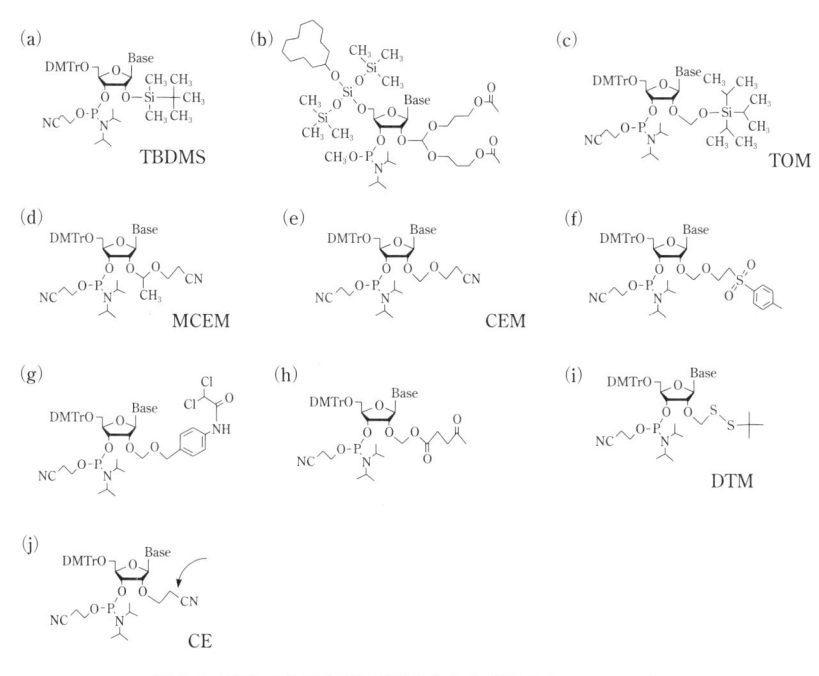

図 3.1 RNA の化学合成に開発された合成用モノマーユニット.

塩基性条件にすると，鎖切断を起こしやすい．そのため，2'-水酸基に適当な置換基を導入すると，その安定性が DNA なみになることが知られている．最も単純な 2'-水酸基の置換基はメチル基であり，この 2'-O-メチル化された RNA を使って，アンチセンス-アンチジーン法に活用されたり，siRNA の修飾体として用いられている[9,10]．

TBDMS 基を用いる RNA 合成法のほかに，図 3.1 に示すように，オルトエステル骨格やアセタール骨格をもつ新しい保護基を活用したさまざまな合成法が開発されている．Caruthers らは，ケイ酸エステル型の 5' 水酸基の保護基とビス［(3-アセトキシプロピル)オキシ］メチル基を 2' 水酸基の保護基とした RNA 合成ユニット (図 3.1b) を開発している[10]．このユニットから，高純度の RNA が合成されている．またアセタール骨格をもつ保護基として，Tom 基が最初に開発された (同 c)[11]．この保護基は，トリイソプロピルシリル基を Bu_4NF で除去することによって，その結果生成するヘミアセタール中間体が自己分解することで，脱保護が完了する．2'-水酸基の立体障害の観点からは，トリイソプロピルシリル基のかさ高い分が，アセタール骨格を介在することによって解消され，TBDMS より効率のよい縮合反応が実現されている．このようなヘミアセタール誘導体が中間に生成するような新しい保護基の開発研究の中で，Pfleiderer らは，ビニルエーテルの付加反応を利用し，さまざまな 1-アルコキシ-1-メチルエチル基を 2'-水酸基に導入させ，

その保護基としての安定性や脱保護条件について報告した[12]．その論文の中で，1-(2-シアノエトキシ)エチル基が，Bu$_4$NF 処理するとシアノエチル基が β 脱離し，ヘミアセタール中間体を経て結果的に除去されることが報告された．一方，和田らは，この保護基を 2'-水酸基に導入した RNA 合成ユニット(図 3.1d)を開発した[13]．さらに最近，大木らは，この保護基からメチル基を取り除いたより単純なシアノエトキシメチル(CEM)基を 2'-水酸基に導入した RNA 合成ユニット(同 e)を開発し，110 量体の RNA が効率よく合成できることが報告された[14,15]．これは，現在最長の人工 RNA である．

Chattopadhyaya らは，シアノエチル基の代わりにトルエンスルホニルエチル基に置き換えたアセタール型の保護基(TEM)基を報告した(図 3.1f)[16]．さらに，アセタール骨格を利用する電子的な制御を含む保護基の開発が報告されている．すなわち，ジクロロアセチル基で保護した，いわゆる保護された保護基の一種のベンジルアセタール型のもので，N-ジクロロアセチル-N-メチル(4-アミノフェニル)メトキシメチル基(同 g)である[17]．この保護基は，ジクロロアセチル基をアミン処理によっていったん除去したのち，0.1 M 酢酸で 90℃ で加熱することで 30 分以内で除去できる．しかし，かなり高温のため，長鎖 RNA の合成では鎖切断が懸念される．

Dahma らは，2'-水酸基の保護基としてヒドラジン処理で除去できるレブリルオキシメチル基をもつ RNA 合成ユニット(図 3.1h)を報告している[18]．この保護基はアンモニア処理で不安定なため，塩基部位にアンモニアで安定な保護基が必要である．

Kwiatkowski らは，2-t-ブチルジチオメチル(DTM)基を 2'-水酸基に導入した RNA 合成ユニット(図 3.1i)を報告した[19]．この保護基は SS(ジスルフィド)結合をもっているために，この SS 結合を還元的に切断することによって保護基が脱離する性質を巧みに利用したものである．1,4-ジチオスレイトールやトリス(2-カルボキシエチル)ホスフィンなどで切断除去可能である．興味深いことは，この DTM 基は血清中で自動的に生分解されるため，必ずしもこの保護基を事前に除去する必要がないという可能性があるところである．

一方，筆者らの研究グループは，最も単純な構造をもつ最小の 2'-水酸基の保護基(シアノエチル基)をもつ新しい RNA 合成ユニット(図 3.1j)を開発している[20]．当初 RNA を安定化するために，2'-水酸基に簡単な反応で導入できる置換基について検討していた．その結果，アクリロニトリルを CsCO$_3$ 存在下 t-ブタノール中 2'-水酸基以外保護されたリボヌクレオシド誘導体に対して反応させると，容易に 2'-水酸基にシアノエチル基が導入できることを見いだした[20]．2'-水酸基に導入されたシアノエチル基は，興味深いことに，Bu$_4$NF 処理すると完全に脱離し，NEt$_3$・3HF 処理すると脱離しないことを見いだした(図 3.2)[21]．そのため，必要に応じてこのシアノエチル基を RNA 鎖内に残存させることもできるし，RNA に直接変換もできることがわかった．とくに，シアノエチル基を RNA 内に残した誘導体(図 3.2 の枠内)は，ハイブリダイゼーション能力が未修飾の RNA そのもの

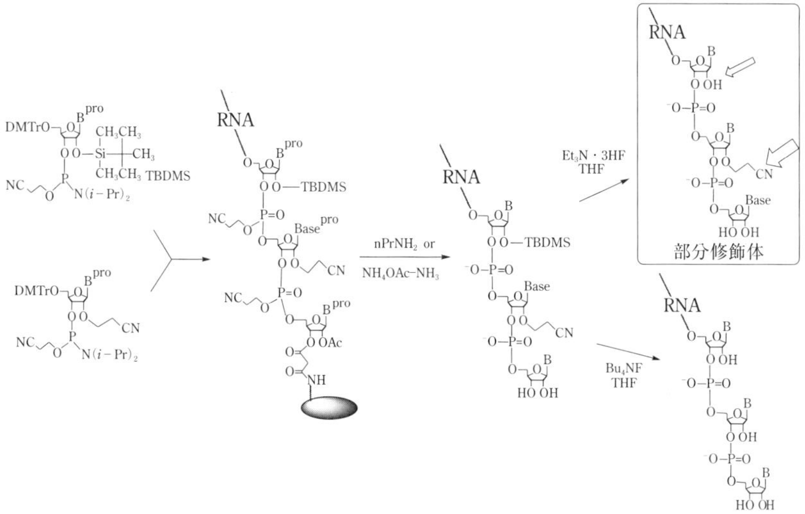

図 3.2　2'-O-シアノエチル化された RNA の合成.

よりも高く，また酵素耐性能もすぐれていることを見いだした[20]．さらに，ウリジンとシチジンのホスホロアミダイト合成ユニットの改良合成法が最近開発され，既知のどのRNA 合成法よりも実用的で短工程合成法であることが示された[22]．プリンヌクレオシドの合成ユニットの改良については，現在進行している．

3.3　2'-O-修飾 RNA の開発

　RNA を医薬品として開発するためには，細胞内のリボヌクレアーゼに対する酵素耐性の確保が重要な問題になる．そのため，立体効果，静電的効果などを考慮したさまざまな 2'-O-修飾 RNA が開発されている（図 3.3）[4]．前節で述べたように，2'-O-メチル RNA（図 3.3a）が古くから利用される 2'-O-修飾 RNA であるが，siRNA のセンス鎖あるいはアンチセンス鎖にすべてこの 2'-O-メチル修飾を施すと，RNAi 活性が失われる[23〜25]．したがって，部分的に適切な位置に修飾を導入することが肝要である．2'-O-メチル修飾を 3' 末端側に多く行うと，活性が減少する傾向がある[26]．2'-O-メトキシエトキシ（MOE）修飾 RNA（図 3.3b）の場合にも，センス鎖への導入には寛容である．アンチセンス鎖，とくにその 3'-末端に導入すると RNAi 効果は失われるが，中心部への導入は活性が保たれる[26]．RNA は 2' 近傍の水素結合ネットワークを崩さないようにエーテル結合を意識的に加えている．この誘導体は当初 ISIS 社でアンチセンス分子として設計され，かなりのデータが蓄積されている．簡単に合成できる修飾核酸として 2'-O-アリル RNA（図 3.3c）が報告さ

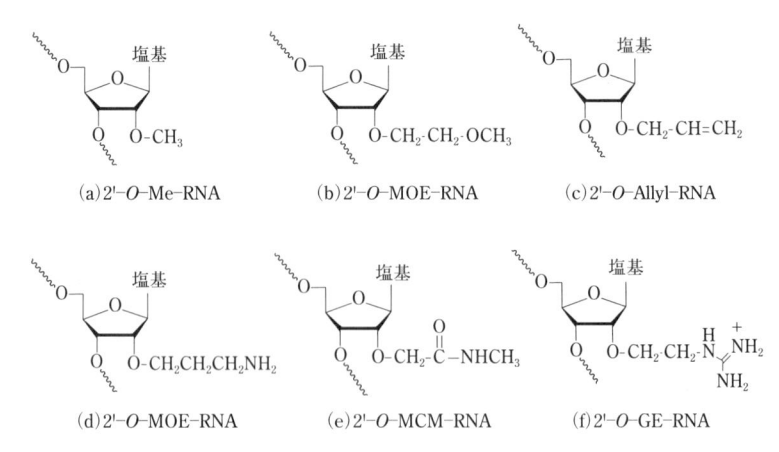

図 3.3 RNA を安定化するために 2′-水酸基にさまざまな置換基が導入された RNA 誘導体.

(a) 2′-O-Me-RNA
(b) 2′-O-MOE-RNA
(c) 2′-O-Allyl-RNA
(d) 2′-O-MOE-RNA
(e) 2′-O-MCM-RNA
(f) 2′-O-GE-RNA

れているが,2′-O-メチル RNA と同様な結果が得られている.しかし,この修飾体に特化した詳細な研究はほとんどなされていない[27].

新しい 2′-O-修飾体として,3-アミノプロピル[28](図 3.3d)や(N-メチルカルバモイル)メチル基[29](同 e)を導入した RNA 誘導体が合成されているが,RNAi 活性評価の報告はまだない.最近,2-(グアニジウム)エチル基(同 f)を導入したリボチミジンの 3′-ホスホロアミダイトユニットが報告された[30].このユニットは,まだ DNA に組み込まれたものしか報告がないが,将来 RNA に組み込まれたデータも報告されるであろう.

2′-O-修飾 RNA として,RNA を直接化学修飾して合成する方法も,Wang らによって報告されている[31].これは,RNA に対して 1-フルオロ-2,4-ジニトロベンゼンを反応剤として用いるもので,2′-水酸基が選択的に 2,4-ジニトロフェニル化されるとされている.しかし,それを証明する化学的な証拠は全く提示されていない.この置換基をヌクレオシドレベルで 2′-水酸基に導入しても,3′-水酸基のアミダイト化反応に必要な 3′-水酸基が保護されていない中間体を得る際,この置換基は容易に 3′-水酸基に転位しやすいため,2,4-ジニトロフェニル基を 2′-水酸基に導入した RNA のモノマーユニットの合成は困難である.一方可能性として,有機化学的には,とくにシトシン塩基やチミン塩基などに反応してもおかしくない反応であり,今後の詳細な検討が待たれる.

RNAi 法で有効な遺伝子治療薬として現在臨床試験中の人工核酸としては,図 3.4 に示すものがある.これらのうち,2′-O-メチル RNA のホスホロチオエート誘導体(図 3.4a)や 2′-O-メトキシエチル RNA(同 b)は,アンチセンス核酸分子としてすでに臨床試験中のものが数多く,siRNA 分子としても現在臨床試験に進んでいる.

2′-水酸基を修飾した RNA 誘導体として,2′-フルオロ化された RNA(図 3.4c)が開発さ

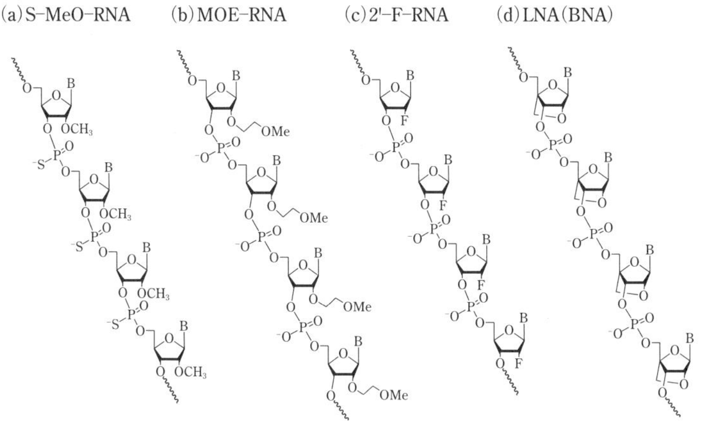

3.3 2'-O-修飾 RNA の開発

(a) S-MeO-RNA　(b) MOE-RNA　(c) 2'-F-RNA　(d) LNA(BNA)

図 3.4　臨床試験レベルに達している siRNA 分子.

れている.この糖部立体構造は C3'-*endo* 型に偏っているため,標的 mRNA に対する親和性が向上している.少なくとも,ピリミジンヌクレオシド(C と U)にフルオロ基を siRNA のアンチセンス鎖に導入したものは,かなり活性が保存されることが報告されている[32～34].

最近,2'-水酸基と 4'-炭素をメチレン基で架橋したいわゆる LNA(BNA)とよばれる RNA 誘導体を導入した siRNA 分子(図 3.4d)が報告されている.センス鎖やアンチセンス鎖の 3' 末端に 2 個連続的に導入したものは,RNAi 活性が保持され,酵素耐性もすぐれていることが見いだされている[35].しかし,アンチセンス鎖の 3' 末端と 5' 末端の両方を修飾してしまうと,活性が著しく低下することも報告されている.また,センス鎖に LNA を導入するほうがアンチセンス鎖への導入よりも活性の影響は少ない.

糖部修飾として,リボースの環内 4'-酸素を硫黄に置換した分子も,その立体構造が C3'-*endo* に偏っていることより,RNA 二重鎖形成を安定化する効果がある.最近,この修飾ヌクレオシドを導入した siRNA 分子の RNAi 活性が報告されている[36].アンチセンス鎖の 5' 末端にこの修飾ヌクレオシドを導入すると少し活性が向上するが,3' 末端にも同時に導入すると活性低下を引き起こす.この修飾ヌクレオシドをセンス鎖にすべて導入しても,RNAi 活性は 60％程度保持されるが,アンチセンス鎖にすべて導入するとかなり活性が下がる[37].また,センス鎖やアンチセンス鎖のさまざまな位置にこの修飾ヌクレオシドを導入しても,天然型 siRNA よりも強い活性はない.

臓器選択的な RNAi 効果を期待して,さまざまな臓器親和性残基をもつ修飾基をセンス鎖の 3' 末端に導入した siRNA 分子も,創成されている[38].

3.4 おわりに

RNAi 効果は Fire と Mello の報告以来,新しい遺伝子治療の手段として期待されてきた.上述したように,RNA 自体が細胞内の酵素で分解しやすい性質をもつため,さまざまな修飾基をもつ RNA 誘導体が開発されてきた.現在,いくつかの人工修飾 siRNA 誘導体の二重鎖を用いる第一相と第二相臨床試験が,進行中である.しかし人工修飾 siRNA は,天然型の siRNA 二重鎖よりもより低濃度で効果を示すものがほとんどないのが現状である.また,塩基配列が 1 ヵ所ことなる標的遺伝子に対する RNAi 活性の選択性については,数多くの論文から,医薬品として利用するにはすぐれた選択性を示すものがないことが,もう 1 つの現状でもある.いわゆる Off-target 効果とよばれる非選択的な RNAi 効果をいかになくしていくかが,今後の RNAi 法の重要な課題といえよう.そのためには,すぐれた塩基識別能がある人工塩基をもつ人工核酸の創成研究が欠かせない.今後は,このような指向性をめざす研究が進展することを期待したい.

引用文献

1) A.Z. Fire, S. Xu, M.K. Montgomery, S.A. Kostas, S.E. Driver, C.C. Mello, *Nature*, **391**, 806 (1998)
2) A.Z. Fire, *Angew. Chem. Int. Ed. Engl.*, **46**, 6966(2007)
3) C.C. Mello, *Angew. Chem. Int. Ed. Engl.*, **46**, 6985(2007)
4) 関根光雄,多比良和誠編,RNAi 法とアンチセンス法,講談社(2005)
5) S.L. Beaucage, *Curr. Opin. Drug Discov. Develop.*, **11**, 203(2008)
6) J.K. Watta, G.F. Deleavey, M.J. Damha, *Drug Discov. Today*, **13**, 842(2008)
7) R.I. Mahato, K.Cheng, R.V. Guntaka, *Expert Opin. Drug Deliv.*, **2**, 3(2005)
8) K.K. Ogilvie, M. Theriault, K.L. Sadana, *J. Am. Chem. Soc.*, **99**, 7741(1977)
9) E.A. Lesnik, C.J. Guinosso, A.M. Kawasaki, H. Sasmor, M. Zounes, L.L. Cummins, D.J. Ecker, P.D. Cook, S.M. Freier, *Biochemistry*, **32**, 7832(1993)
10) S.A. Scaringe, F.E. Wincott, M.H. Caruthers, *J. Am. Chem. Soc.*, **120**, 11820(1998); S. Matysiak, W. Pfleidrer, *Helv. Chim. Acta*, **84**, 1066(2001)
11) S. Pitsch, P.A. Weiss, L. Jenny, A. Stutz, X. Wu, *Helv. Chim. Acta*, **84**, 3773(2001)
12) S. Matysiak, H.-P. Fitznar, R. Schnell, W. Pfleiderer, *Helv. Chim. Acta*, **81**, 1066(1998)
13) T. Umemoto, T. Wada, *Tetrahedron Lett.*, **45**, 9529(2004)
14) T. Ohgi, Y. Masutomi, K. Ishiyama, H. Kitagawa, Y. Shiba, J. Yano, *Org. Lett.*, **7**, 3477(2005)
15) Y. Shiba, H. Masuda, N. Watanabe, T. Ego, K. Takagaki, K. Ishiyama, T. Ohgi, J. Yano, *Nucleic Acids Res.*, **35**, 3287(2007)
16) Z. Chuanzheng, W. Pathmasiri, D. Honcharenko, S. Chatterjee, J. Barman, J. Chattopadhyaya, *Can. J. Chem.*, **85**, 293(2007)
17) J. Cieslak, J.S. Kauffman, M.J. Kolodziejski, J.R. Lyoyd, S.L. Beaucage, *Org. Lett.*, **9**, 671(2007)

18) J.G. Lackey, D. Mitra, M.M. Somoza, F. Cerrina, M.J. Damha, *J. Am. Chem. Soc.*, **131**, 8496 (2009)
19) A. Semenyuk, A. Foldesi, T. Johansson, C. Estmer-Nilsson, M. Kwiatkowski, *J. Am. Chem. Soc.*, **128**, 12356 (2006)
20) H. Saneyosi, K. Seio, M. Sekine, *J. Org. Chem.*, **70**, 10453 (2005)
21) H. Saneyosi, K. Ando, K. Seio, M. Sekine, *Tetrahedron*, **63**, 11195 (2007)
22) H. Saneyoshi, I. Okamoto, Y. Masaki, A. Ohkubo, K. Seio, M. Sekine, *Tetrahedron Lett.*, **63**, 11195 (2007)
23) S.M. Elbashir, J. Martinez, A. Patkaniowska, W. Lendeckel, T. Tuschl, *EMBO J.*, **20**, 6877 (2001)
24) F. Czauderna, M. Fechtner, S. Dames, H. Aygun, A. Klippel, G.J. Pronk, K. Giese, J. Kaufmann, *Nucleic Acids Res.*, **31**, 2705 (2003)
25) D.A. Braasch, S. Jensen, Y. Liu, K. Kaur, K. Arar, M.A. White, D.R. Corey, *Biochemistry*, **42**, 7967 (2003)
26) T.P. Prakash, C.R. Allerson, P. Dande, T.A. Vickers, N. Sioufi, R. Jarres, B.F. Baker, E.E. Swayze, R.H. Griffey, B. Bhat, *J. Med. Chem.*, **48**, 4247 (2005)
27) M. Amarzguioui, T. Holen, E. Babaie, H. Prydz, *Nucleic Acids Res.*, **31**, 589 (2003)
28) R.H. Griffey, B.P. Monia, L.L. Cummins, S. Freier, M.J. Greig, C.J. Guinosso, E. Lesnik, S.M. Manalili, V. Mohan, S. Owens, B.R. Ross, H. Sasmor, E. Wancewicz, K. Weiler, P.D. Wheeler, P.D. Cook, *J. Med. Chem.*, **39**, 5100 (1996)
29) T.P. Prakash, A. Püschl, E. Lesnik, V. Mohan, V. Tereshko, M. Egli, M. Manoharan, *Org. Lett.*, **6**, 1971 (2004)
30) T.P. Prakash, A. Püschl, M. Manoharan, *Nucleic Acids Res.*, **26**, 149 (2007)
31) X. Chen, L. Shen, J.H. Wang, *Oligonucleotides*, **14** (2), 90 (2004)
32) Y.L. Chiu, T.M. Rana, *RNA*, **9**, 1034 (2003)
33) D.A. Braasch, S. Jensen, Y. Liu, K. Kaur, K. Arar, M.A. White, D.R. Corey, *Biochemisty*, **42**, 7967 (2003)
34) J. Harborth, *Antisense Nucl. Acid Drug Dev.*, **13**, 83 (2003)
35) J. Elmen, H. Thonberg, K. Ljungberg, M. Frieden, M. Westergaard, Y. Xu, B. Wahren, Z. Liang, H. Orum, T. Koch, C. Wahlestedt, *Nucleic Acids Res.*, **33**, 439 (2005)
36) P. Dande, T.P. Prakash, N. Sioufi, H. Gaus, R. Jarres, A. Berdeja, E.E. Swayze, R.H. Griffey, B. Bhat, *J. Med. Chem.*, **49** (5), 1624 (2006)
37) S. Hoshika, N. Minakawa, H. Kamiya, H. Harashima, A. Matsuda, *FEBS Lett.*, **579**, 3115 (2005)
38) C. Wolfrum, S. Shi, K.N. Jayaprakash, M. Jayaraman, G. Wang, R.K. Pandey, K.G. Rajeev, T. Nakayama, K. Charrise, E.M. Ndungo, T. Zimmermann, V. Koteliansky, M. Manoharan, M. Stoffel, *Nat. Biotechnol.*, **25**, 1149 (2007)

4 新規蛍光性核酸

4.1 はじめに

　核酸(DNA や RNA)の蛍光色素は，核酸を可視化するために重要である．核酸は分子内に水酸基，塩基，リン酸部位など複数の官能基を有するため，さまざまな形式で蛍光ラベル化することができる(図 4.1)．このうち図 4.1(a)から(d)のように，核酸の水酸基や塩基部位に蛍光ラベル化する場合には，フルオレセイン，Cy3，Cy5 など分子径も大きく，蛍光輝度の高い汎用性の蛍光色素を適当なリンカーを介して導入することができるため，DNA チップや PCR 法など核酸検出プローブの作成に広く用いられている．

　一方，図 4.1(e)に示す蛍光性核酸塩基としては，核酸塩基のアナログ(類似体)などの比較的小さいヘテロ環が用いられていることが多く，それほど強い蛍光を期待することはできない．しかし蛍光性核酸塩基は，天然型核酸塩基と同様にワトソン・クリック塩基対

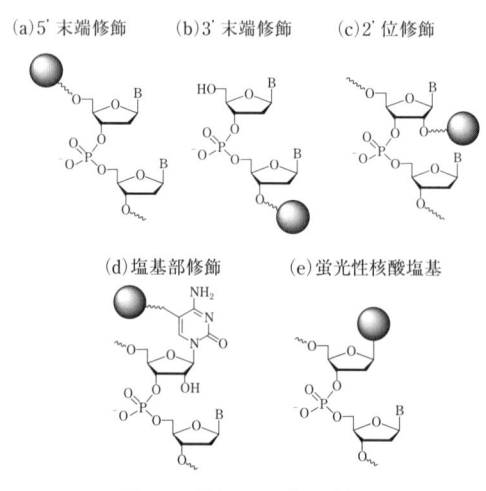

図 4.1　蛍光ラベル化の形式.

(Watson-Crick base pair)を形成するようにデザインすることも可能であり，水素結合を介した分子認識能と蛍光特性をあわせもつ分子として，その性質は興味深い．またヌクレオシドの塩基部は，核酸が二重鎖を形成した際に，相手鎖との相互作用や上下の塩基とスタッキング相互作用をしやすい位置に存在するため，核酸のハイブリダイゼーションや高次構造，核酸-タンパク質相互作用などを追跡するためのプローブ分子として有用である．

ここでは，これまでに報告されている蛍光性核酸塩基を含むヌクレオシドの蛍光特性や，そのバイオサイエンス分野での応用などについて述べたのち，筆者らが見いだした新規蛍光性シトシンアナログの開発経緯やその性質について述べる．

4.2 いろいろな蛍光性ヌクレオシド

4.2.1 蛍光性ヌクレオシドの特性

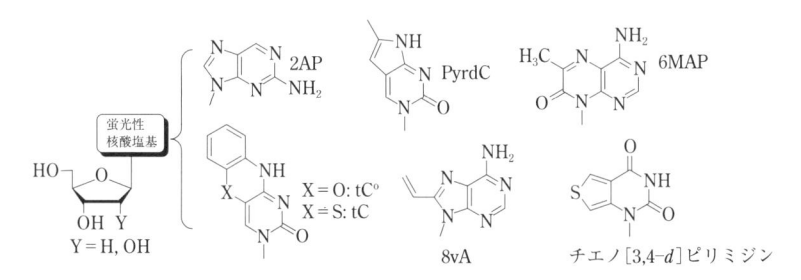

図 4.2 に種々の蛍光性ヌクレオシドの化学構造と略称を示す．これらの蛍光性ヌクレオシドを化学的もしくは酵素化学的に核酸に導入し，その蛍光スペクトルを測定することで，蛍光性ヌクレオシドがおかれた環境についての情報を得ることができる．バイオ実験に蛍光核酸塩基を用いる際には，少なくとも以下の特性に着目し，行おうとする実験に最適なものを選択しなくてはならない．

1) 極大吸収波長(λ_{max})：核酸塩基が最も強く吸収する光の波長．蛍光を発するための励起波長の目安になる．この波長が天然の核酸塩基に影響を与えない 300 nm 以上の長波長領域にあることが望ましい．

2) モル吸光係数(ε)：λ_{max} の波長の光を吸収する効率のこと．この値と次の量子収率が大きいほど，蛍光の強度が大きくなる．

3) 量子収率(Φ)：吸収した光のエネルギーが蛍光として放出される効率．100%に近いほど強い蛍光を発しうる．

図 4.2 蛍光性ヌクレオシドの化学構造．

4）輝度：ε と Φ の積．この数値が大きいほど高感度の蛍光性核酸塩基となりうる．

5）天然型核酸塩基による消光：多くの蛍光団は天然型核酸塩基，とくにグアニンにより消光される．天然型核酸塩基により消光を受けにくい蛍光性ヌクレオシドほど，より多様な配列の核酸の研究に汎用的に用いることができる．逆に特定の塩基により選択的に消光される蛍光団は，SNPs解析など核酸の配列を検出するのに用いることができる．

6）溶媒効果：同じ蛍光団でも，それを溶かす溶媒の極性を変えると蛍光波長，量子収率などの特性が変化することが多い．あまり周囲の環境の影響を受けない蛍光団は，核酸を単純に蛍光標識するのに都合がよい．一方，周囲の環境で大きく蛍光特性を変える蛍光団は，核酸の局所的な高次構造変化や分子間相互作用を検出するためのプローブとして有用である．

7）二重鎖形成能：蛍光性ヌクレオシドを核酸に導入して蛍光性プローブとして用いるには，導入した蛍光性ヌクレオシドにより核酸が本来もっている立体構造が変化しないことが必要である．そのため，蛍光性ヌクレオシドは核酸の二重鎖構造に適合し，かつワトソン・クリック型塩基対などの塩基対を形成しうることが必要である．

以下，これまでに報告のある蛍光性核酸塩基についてこれらの性質を紹介する．

4.2.2　2-アミノプリン（2AP）

2APは，核酸の局所構造の蛍光性プローブとして古くから用いられている，アデニンアナログの蛍光性核酸塩基であり，チミジンとワトソン・クリック塩基対を形成することができる．

水中で303 nmに極大吸収波長をもち，そのモル吸光係数は約7000 $M^{-1}cm^{-1}$ である．極大蛍光波長は370 nm，量子収率は68％である．2APの蛍光スペクトルは2APを溶かす溶媒により影響を受け，水，エタノール，クロロホルムの順で溶媒の極性を低下させると，蛍光波長が370，366，355 nmと短波長移動し，量子収率も68，35，13％と低下する[1]．2APは一般的なホスホロアミダイト法によりDNAに導入することができ，その蛍光強度は隣接する塩基の種類により変化する．とくにプリン塩基が隣接する場合により強く消光される．また，一本鎖DNA中では二本鎖DNA中よりも強い蛍光を発するが，これは二本鎖中では隣接塩基とのスタッキングが強固になり，2APの蛍光が消光するからである[2]．この性質を利用して2APは，核酸のハイブリダイゼーションや二重鎖構造のダイナミクス，核酸-タンパク質相互作用による核酸塩基のフリップなどさまざまな核酸の構造研究に用いられている．

4.2.3　6-メチル-3H-ピロロ[2,3-d]ピリミジン-2-オン（pyrrolo-C）

pyrrolo-Cは，ピロールとピリミジンが縮環した二環性のシトシンアナログである[3,4]．

極大吸収波長は350 nm，モル吸光係数は約5900 $M^{-1}cm^{-1}$である．蛍光は450 nmに観測され，量子収率は20%である．その蛍光強度は，溶媒を水から50%エタノールに変えると約3.5倍に増大する．pyrrolo-CをRNAやDNAに導入された例が報告されている．ヌクレオシドの状態に比べ，一本鎖核酸中では蛍光強度は半分程度に減弱し，二本鎖核酸中にあるときにはさらに一本鎖状態の半分程度まで減弱する．このような性質を利用して，核酸二重鎖のハイブリダイゼーションやRNAポリメラーゼとRNAの複合体の解析などに用いられている．

4.2.4 4-アミノ-6-メチル-7(8H)-プテリジン (6MAP)

6MAPはプテリジノンの誘導体で，アデニンと類似した構造をもつ蛍光性核酸塩基である[5,6]．

メタノール中で310 nmに極大吸収波長をもち，モル吸光係数は約9000 $M^{-1}cm^{-1}$である．また水溶液中で蛍光を測定すると，極大蛍光波長は430 nm，量子収率は39%である．6MAPは，一般的なホスホロアミダイト法によりDNAに導入することができる．一本鎖DNA中での6MAPの量子収率はそのDNAの配列に依存し，1%から4%程度に低下する．とくに6MAPの周りにプリン塩基が存在する場合に，量子収率の低下が著しい．二本鎖DNA中では，6MAPはチミンと選択的に塩基対を形成する．これらの性質から，6MAPは蛍光性のアデニンアナログとしての有用性が予想され，DNAフォトリアーゼ（光回復酵素）とDNAチミンダイマーを含むDNA二重鎖との相互作用への応用例がある[7]．

4.2.5 1,3-ジアザ-2-オキソフェノチアジン (tC)

tCは，フェノキサジンを基本骨格にもつ三環性の蛍光性ピリミジンアナログである[8,9]．370～375 nmに極大吸収波長をもち，モル吸光係数は，水溶液中で4000 $M^{-1}cm^{-1}$，エタノール中で3900 $M^{-1}cm^{-1}$である．蛍光波長は，水溶液中で505 nm，有機溶媒中では470～490 nmに短波長移動する．その一方，量子収率は溶媒の極性を水，エタノール，クロロホルムと下げるに伴い，20，46，57%と増大する．最も興味深いのは，tCをオリゴヌクレオチド中に導入した場合，tCの蛍光特性が上下の塩基によりほとんど影響を受けないことである．これは，2APなどのほかの蛍光性核酸塩基の蛍光が，とくにグアニンにより消光されるのと対照的であり，tCを種々の核酸に導入して蛍光プローブとすることを可能にしている．

4.2.6 1,3-ジアザ-2-オキソフェノキサジン (tC^O)

tC^{O}は，tCの環内硫黄原子を酸素原子に置き換えた誘導体である[10]．tCよりやや短波長の360 nmに極大吸収波長をもち，モル吸光係数は水溶液中で9000 $M^{-1}cm^{-1}$と，tCの

2倍以上である.蛍光波長は水溶液中で465 nm,ところが量子収率はtCよりも大きく30%である.これらの結果から,tC^OはtCよりも強い蛍光強度を有していると予想される.一本鎖DNA中での蛍光はtCの場合と異なり,5'側に隣接するグアニン塩基により消光され,量子収率が半分程度まで減少する.一方興味深いことに,二本鎖DNA中では,蛍光強度は前後の配列に影響を受けず,20%程度の量子収率を示す.そのため,さまざまな核酸の基部構造に導入して,蛍光性プローブとして用いることができる.

4.2.7　8-ビニルアデニン(8vA)

8vAは,天然型のアデニンの8位にエチレンを結合させただけの単純な蛍光性核酸である[11].290〜303 nmに極大吸収波長をもち,370〜382 nmの蛍光を発する.量子収率は,水系の溶媒中では約68%,メタノール中では30%程度に低下する.モル吸光係数が12600 $M^{-1}cm^{-1}$で,2APの2倍程度あるため,2APよりも強い蛍光を示すことが期待される.8vAは,一般的なDNA化学合成法によりDNA中に導入することができ,DNA中でもDNA二重鎖中でチミジンとワトソン・クリック塩基対を形成し,天然型アデニンや2APと同様の塩基識別能を有していることがわかっている.これらの性質から8vAは,2APと同様に,核酸高次構造や核酸-核酸相互作用,核酸-タンパク質相互作用などの研究を,より高感度に行うための分子的手段として期待される.

4.2.8　チエノ[3,4-d]ピリミジン

チエノ[3,4-d]ピリミジン(thieno[3,4-d]pyrimidine,TP)は,ウリジンの5位と6位にチオフェン環が縮環した二環性の蛍光性核酸塩基である[12].304 nmに極大吸収波長をもち,蛍光波長は,水中で412 nm(量子収率48%),メタノール中で404 nm,アセトニトリル中で386 nmであり,溶媒の極性が低下するにつれて蛍光波長の短波長移動と蛍光強度の低下がみられる.グアニンやシトシンなどの核酸塩基との相互作用により消光される.TPは,化学的手法により5'-トリリン酸体に誘導することができる.また,合成したトリリン酸体はT7 RNAポリメラーゼの基質となり,鋳型DNAのデオキシアデノシンに相補的な位置に選択的に導入することが可能であるため,TPを長鎖の機能性RNAに組み込み,その蛍光を利用するRNAの機能と構造の研究が,今後期待される.

4.3　新規二環性および三環性蛍光性シチジンアナログ

4.3.1　開発の経緯

筆者らは以前,すぐれて高精度な塩基配列識別能を有する人工核酸プローブの開発を計

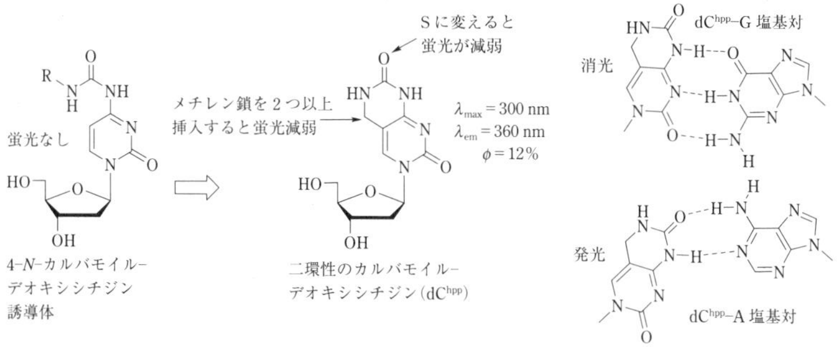

4.3 新規二環性および三環性蛍光性シチジンアナログ

図4.3 dC^{hpp} の構造と塩基対形成.

画し，デオキシシチジン (dC) のアミノ基をカルバモイル基 (C(O)-NHR) で修飾した新規ヌクレオシドと，それらを含む DNA の合成と性質の研究を行っていた．しかし予想に反して，DNA 中の 4-N-カルバモイルデオキシシチジンは dC と異なり，グアニンと選択的に塩基対を形成する能力が低く，高精度な人工核酸プローブの素材とはならなかった．そこで，カルバモイル基の配向と塩基対形成能の関係を詳細に検討するために，カルバモイル基の窒素原子とシトシン環を環化した二環性ヌクレオシド (dC^{hpp}) を合成してみたところ，驚いたことに，カルバモイル基の配向を固定化しただけの dC^{hpp} が蛍光性ヌクレオシドであることを見いだした (図4.3)[13,14]．dC^{hpp} は 300 nm と 360 nm に極大吸収波長と蛍光波長をもち，量子収率は 12% であった．興味深いことに，dC^{hpp} の酸素原子の 1 つを硫黄原子に置換したり，メチレン鎖をさらに 1 つ挿入して 7 員環に環拡大すると，蛍光強度が大きく減弱する．また二本鎖 DNA 中で，dC^{hpp} はグアニンおよびアデニンとワトソン・クリック型塩基対および逆ゆらぎ (reverse-wobble) 型の塩基対を形成し，前者の場合のみほぼ完全に蛍光が消光する．これらの結果から，dC^{hpp} は遺伝子中の G → A への点突然変異を検出する蛍光性プローブとなりうることが示唆された．

続いて，このようにして見いだした新規蛍光性核酸塩基 dC^{hpp} の骨格をさらに改変し，よりすぐれた蛍光性ヌクレオシドを開発することを考え，次のような分子設計を行った．すなわち，dC^{hpp} に比べてより蛍光強度の強い誘導体とするため，dC^{hpp} に，芳香環であるピロールをさらに縮環させた三環性化合物 (dC^{PPP})，インドールをさらに縮環させた化合物 (dC^{PPI}) を設計し，極大吸収波長の長波長移動と吸光係数の増大，および量子収率の向上を図った．また，インドール環上に種々の置換基を導入した化合物 (dC^{PPI} 誘導体) を合成することで，蛍光特性をファインチューニングすることも考えた[15]．

これらの化合物は，デオキシシチジンから容易に得られる 5-ヨードデオキシシチジンと N-Boc ピロールまたは N-Boc インドールのホウ酸誘導体とを，鈴木-宮浦カップリングの条件下に反応させて，収率よく得ることができた (図4.4)．

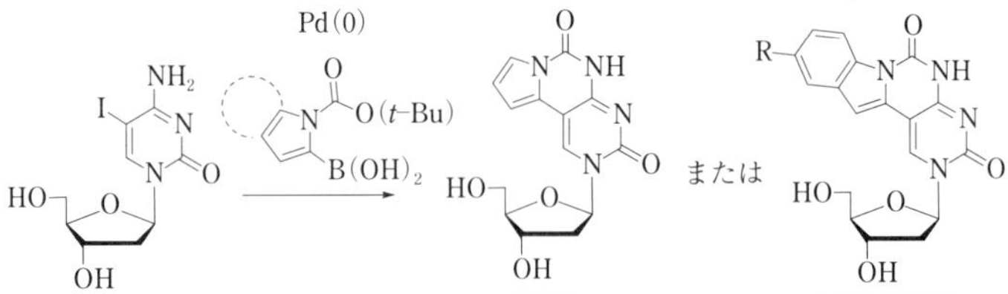

$\mathrm{dC^{PPP}}$
合成収率 55%

$\mathrm{dC^{PPI}}$ 誘導体
合成収率 46〜84%

図 4.4　$\mathrm{dC^{PPP}}$，$\mathrm{dC^{PPI}}$ 誘導体の合成．

4.3.2　$\mathrm{dC^{PPP}}$ と $\mathrm{dC^{PPI}}$ の蛍光特性

まず，合成した新規蛍光性ヌクレオシド $\mathrm{dC^{PPP}}$ の蛍光特性を評価したところ，369 nm と 490 nm に極大吸収波長と蛍光波長をもち，$\mathrm{dC^{hpp}}$ と比較して，励起波長と蛍光波長が予想どおり長波長シフトしていることがわかった．また蛍光の強度を決めるパラメーターであるモル吸光係数と量子収率については，それぞれ 4760 $\mathrm{M^{-1}cm^{-1}}$ および 11%であった．量子収率に関しては $\mathrm{dC^{hpp}}$ の 12%とそれほど大きな違いはみられなかったが，ピロール環を縮環することによりモル吸光係数が増大しているため，観測される蛍光強度は $\mathrm{dC^{PPP}}$ が 2 倍ほど大きかった．

続いて，インドール環を縮環した $\mathrm{dC^{PPI}}$ とその誘導体の蛍光特性も同様に評価した．インドール環を縮環しても(R＝H)，モル吸光係数はそれほど大きくならず，量子収率は逆に大きく低下した．しかし，R の位置の置換基を種々変えると，電子吸引性のシアノ基(CN)やフッ素原子(F)の R への導入ではモル吸光係数，量子収率ともに増大し，とくに R＝CN のときに最も強い蛍光を発して，$\mathrm{dC^{PPI}}$ とほぼ匹敵する蛍光強度を示すことがわかった(図 4.5)．

また，$\mathrm{dC^{PPI}}$(R＝H)を用いてその蛍光特性の溶媒依存性を調べたところ，水からメタノール，ベンゼンと溶媒の極性を低下させるにつれて，蛍光波長が 513，488，468 nm と短波長移動し，それにつれて量子収率が 0.6, 11, 24%と大きく上昇した．すなわち $\mathrm{dC^{PPI}}$(R＝H)は，極性の高い水溶液よりも脂溶性の高い環境におかれた場合に著しく蛍光強度が増大することがわかった．

4.4　お わ り に

$\mathrm{dC^{PPI}}$ やその誘導体を核酸の構造解析やハイブリダイゼーション解析に応用するために，$\mathrm{dC^{PPI}}$ を含む一本鎖 DNA 5'−GCTTTGT[$\mathrm{dC^{PPI}}$]TCTTTCG−3' を合成した(図 4.6)．この一

R =	λ_{max} (nm)	ε (M^{-1}cm^{-1})	λ_{em} (nm)	Φ (%)
–H	374	4157	513	0.6
–OCH$_3$	375	5321	511	0.5
–SCH$_3$	372	4110	511	0.2
–CN	369	6998	487	6.0
–H	371	6284	505	2.0
dC^{PPP}	369	4760	490	11

図 4.5 dC^{PPI} 誘導体の蛍光特性.

図 4.6 dC^{PPI} を用いる二重鎖形成の検出.

本鎖 DNA への導入により，dC^{PPI} の量子収率はヌクレオシドの状態とほとんど変わらなかったが，一本鎖 DNA が相補的配列をもつ DNA と二本鎖を形成すると，約 8 倍増加した．このことから，dC^{PPI} 由来の 500 nm 付近の蛍光強度を観測することで，核酸のハイブリダイゼーションや局所的な構造変化を追跡することが可能であると期待される．

また，dC^{PPI} と最も汎用されている蛍光性ヌクレオシドである 2AP を組み合わせて，さらに高度な蛍光性プローブシステムを構築することもできる．4.3.2 項で述べたように，dC^{PPI} は 370 nm 付近の光で励起され，500 nm 付近の蛍光を発する．一方，2AP は 300 nm 付近の光で励起され，370 nm 付近の蛍光を発する．このように，dC^{PPI} の励起波長と 2AP の蛍光波長がほぼ同じ位置にあるため，dC^{PPI} と 2AP が適度に近接した状態にある場合には，300 nm の光で励起された 2AP のエネルギーが dC^{PPI} に移動し，dC^{PPI} の蛍光が観測される．すなわち蛍光エネルギー移動(FRET)を誘起することができる．筆者らはこの性質を利用して，DNA の三重鎖形成を蛍光で検出するためのシステムの開発を可能にした．すなわち，DNA 二重鎖にあらかじめ dC^{PPI} を導入しておき，そこに 2AP 標識した三重鎖形成核酸(TFO)を加える．TFO が二重鎖核酸と複合体を形成すれば，2AP から dC^{PPI} への FRET が起こり，三重鎖形成反応が迅速に検出できるというわけである(図 4.7)．

TFO はアンチジーン核酸などの核酸医薬の分野での応用が期待されており，このシステムは標的遺伝子に効率よく結合する TFO を迅速にスクリーニングする方法としての利

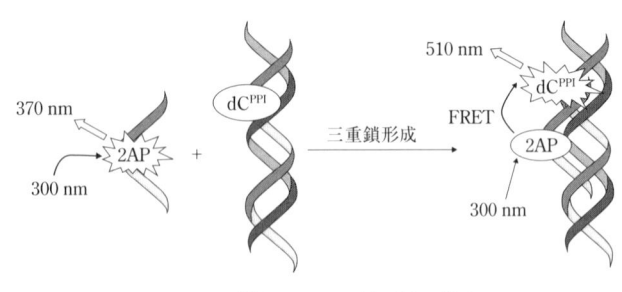

図 4.7 dC^{PPI} を用いる三重鎖形成の検出.

用が期待される.

引用文献

1) D.C. Ward, E. Reich, *J. Biol. Chem.*, **244**, 1228 (1969)
2) J.M. Jean, K.B. Hall, *Proc. Natl. Acad. Sci. USA*, **98**, 37 (2001)
3) D.A. Berry, K.-Y. Jung, D.S. Wise, A.D. Sercel, W.H. Pearson, H. Mackie, J.B. Randolph, R. Somers, *Tetrahedron Lett.*, **45**, 2457 (2004)
4) R.A. Tinsley, N.G. Walter, *RNA*, **12**, 522 (2006)
5) M.A. Hawkins, W. Pfleiderer, F.M. Balis, D. Porter, J.R. Knutson, *Anal. Biochem.*, **244**, 86 (1997)
6) M.A. Hawkins, W. Pfleiderer, O. Jungmann, F. Balis, *Anal. Biochem.*, **298**, 231 (1997)
7) K. Yang, S. Matsika, R.J. Stanley, *J. Phys. Chem.*, **111**, 10615 (2007)
8) P. Sandin, L.M. Wilhelmsson, P. Lincoln, V.E.C. Powers, T. Brown, B. Albinsson, *Nucleic Acids Res.*, **33**, 5019 (2005)
9) L.M. Whilhelmsson, P. Sandin, A. Holmen, B. Albinsson, P. Lincoln, B. Norden, *J. Phys. Chem. B*, **107**, 9094 (2003)
10) P. Sandin, K. Borjesson, J. Li, J. Martensson, T. Brown, L.M. Wilhelmsson, B. Albinsson, *Nucleic Acids Res.*, **36**, 157 (2008)
11) N.B. Gaied, N. Glasser, N. Ramalanjaona, H. Beltz, P. Wolff, R. Marquet, A. Burger, Y. Mely, *Nucleic Acids Res.*, **33**, 1031 (2005)
12) S.G. Srivatsan, H. Weizman, Y. Tor, *Org. Biomol. Chem.*, **6**, 1334 (2008)
13) K. Miyata, R. Tamamushi, A. Ohkubo, H. Taguchi, K. Seio, T. Santa, M. Sekine, *Org. Lett.*, **8**, 1545 (2006)
14) K. Miyata, R. Mineo, R. Tamamushi, M. Mizuta, A. Ohkubo, H. Taguchi, K. Seio, T. Santa, M. Sekine, *J. Org. Chem.*, **72**, 102 (2007)
15) M. Mizuta, K. Seio, K. Miyata, M. Sekine, *J. Org. Chem.*, **72**, 5046 (2007)

5 発光タンパク質

5.1 はじめに

　発光生物による発光反応は，基本的にルシフェラーゼ(発光酵素)の触媒によるルシフェリン(発光基質)の酸素(O_2)による酸化である．発光は，励起状態にあるオキシルシフェリンからのフォトン(光子)のエネルギー放出である．

$$ルシフェリン + O_2 \rightarrow オキシルシフェリン + フォトン$$

海洋性由来の発光生物において，最も広く利用されているルシフェリンはセレンテラジン(coelenterazine)であり，セレンテラジン系ルシフェラーゼのレポーターアッセイの発光基質として使用されている．

　一方発光タンパク質(photoprotein)は，その発見の経緯より，ルシフェラーゼとは異なった概念として定義されている．すなわち，タンパク質内にすでに発光基質を取り込んでおり，その発光強度がタンパク質濃度依存的に直線性を示すものとされている．この概念に該当する発光タンパク質は，原生動物，腔腸動物(クラゲ)，櫛クラゲ，環形動物(ミミズ)，軟体動物(イカ)，節足動物(ヤスデ)，棘皮(きょくひ)動物(ヒトデ)などで確認されており，カルシウムイオンや鉄イオンと過酸化水素水などの添加による発光系が報告されている[1]．現在まで，最も研究が進んでいる発光タンパク質は，腔腸動物由来のカルシウムイオンで特異的に発光するタンパク質である．発光源はセレンテラジンであり，イクオリン(aequorin)，マイトロコミン(mitorocomin)，クライティン(clytin)，オベリン(obelin)などの発光タンパク質が知られ，その遺伝子も単離されている(表5.1)．詳細な基礎および応用研究がなされているのは，カルシウム結合型発光タンパク質「イクオリン」[2]であり，ここでは，イクオリンを中心に発光の特徴とその検出への応用について解説する．

5.2　カルシウム結合発光タンパク質の研究背景

　イクオリンは，カルシウムイオンと特異的に結合し発光するタンパク質である．1962年，

5 発光タンパク質

表 5.1 カルシウム結合型発光タンパク質の種類

発光タンパク質	由来生物	遺伝子バンク No.	文献
イクオリン	*Aequorea victoria*	L29571	Inouye et al.(1985)
		M16103	Prasher et al.(1987)
クライティン-I	*Clytia (= Phialidium) gregaria*	L13247	Inouye, Tsuji(1993)
クライティン-II	*Clytia (= Phialidium) gregaria*	AB360785	Inouye(2008)
マイトロコミン	*Mitrocoma (= Halistaura) cellularia*	L31623	Fagan et al.(1993)
オベリン	*Obelia longissima*	U07128	Illarionov et al.(1995)
	Obelia geniculata	AF394688	Markova et al.(2002)

米国シアトル近海に生息する発光オワンクラゲ(*Aequorea aequorea*)の傘の周辺に存在する発光器(photocyte)から,Shimomuraらにより単離された[3].実際のクラゲの発光は,外部刺激に対して青緑色が観察される.これはイクオリンと同一発光器中に局在し,現在レポータータンパク質として広く用いられている緑色蛍光タンパク質(green fluorescent protein, GFP)との分子間で,イクオリンの発光エネルギーのGFP蛍光発色団への共鳴エネルギー移動(生物発光共鳴エネルギー移動とよばれる)の結果である.1985年Inouyeらにより,cDNAクローニングにより遺伝子単離が行われ,その一次構造が明らかにされた[4].その後,この遺伝子を用いて大腸菌の分泌系でのアポタンパク質の大量発現[5],高純度精製法の確立を経て[6],現在組換えイクオリンが安定供給されるに至っている.2000年には,この精製組換えイクオリンを用いてHeadらによる結晶構造解析が成功し,セレンテラジンのペルオキシドの存在の証明とイクオリンの全体像が明らかとなった(タンパク質データベース,PDB:1EJ3)[7].一方イクオリンは,Ca^{2+}に対する感受性の高さから微量Ca^{2+}の検出(検出限界1 nM),定量や細胞内Ca^{2+}の動的変化のイメージプローブ(カルシウムセンサー)として使用されている.

5.3 発光タンパク質イクオリンの物性と構造

天然イクオリンの性質について,表5.2にまとめる.アミノ酸置換のあるアイソタイプイクオリンの存在も確認されており,その発光の性質は若干異なるが,基本的には同じである.イクオリンは,189アミノ酸より構成されるタンパク質部分アポイクオリン(アポタンパク,apoaequorin)と,発光基質セレンテラジンへ分子状酸素(O_2)付加して生成したセレンテラジンペルオキシドとの複合体を形成した状態で存在している[4,7].代表的カルシウム結合タンパク質であるカルモジュリンと相同性があり,分子内に典型的なヘリックス-ループ-ヘリックスで構成されるカルシウム結合のためのEFハンド構造が3ヵ所ある[4].発光反応は,イクオリン内にあるEFハンドドメインにCa^{2+}が結合した結果,セレ

表 5.2 天然イクオリンの諸性質

分子量	20,000 〜 22,000	アイソタイプイクオリン含む
等電点	4.2 〜 4.9	アイソタイプイクオリン含む
吸収係数($A_{1\%, 1cm}$ 280 nm)	27 〜 30	アポイクオリンは 18.0
吸収係数($A_{1\%, 1cm}$ 460 nm)	0.81	セレンテラジンペルオキシド由来の吸収
最大発光波長(λ_{max})	465 ± 5 nm	
発光量	$4.3 \sim 4.8 \times 10^{15}$ photons mg^{-1}	25℃
発光量子収率	0.15 〜 0.16	25℃
Ca^{2+} 検出限界	1 nM	低イオン強度溶液条件
発光速度定数 上昇	100 〜 300 s^{-1}	20 〜 25℃
減衰	1.0 〜 1.2 s^{-1}	

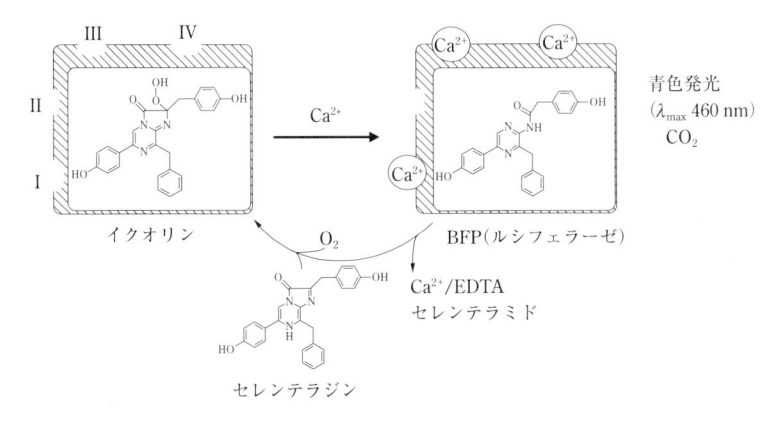

図 5.1 カルシウムイオンによるイクオリンの発光反応および再生機構.
BFP：アポイクオリン/Ca^{2+}/セレンテラミドの複合体.

ンテラジンペルオキシドが開裂して青色(極大波長 460 nm)発光し，数秒内で終了する．セレンテラジンペルオキシドの酸化生成物として，セレンテラミド(coelenteramide)，二酸化炭素を生成する．反応直後の Ca^{2+} の結合したアポイクオリン，セレンテラミドの複合体は青色蛍光をもつので，青色蛍光タンパク質(blue fluorescent protein, BFP)とよばれる．発光反応後アポイクオリンからイクオリンへの再生は，EDTA などのキレート剤により Ca^{2+} を除き，還元剤，セレンテラジン，酸素(O_2)とともに低温でインキュベーションすることにより可能である．イクオリンの発光-再生過程を模式的にまとめたものが図 5.1 である．

興味深いことは，他の発光タンパク質に比べイクオリンは特殊な状況にある．それは，イクオリンへの再生過程においてタンパク質部分であるアポイクオリンが，他のルシフェラーゼと同様に酸素添加反応を触媒(効率のよい反応の場の提供)する酵素とみなすことができる点にある．すなわち，イクオリンを酵素反応中間体と理解し，アポイクオリンをル

シフェラーゼ(E：酵素)と見たてると，アポイクオリンが基質ルシフェリン(S：基質＝セレンテラジン)に O_2 を添加する反応を触媒する酵素であり，再生したイクオリン分子は酵素反応過程に生成する酵素-基質複合体(E-S complex，アポイクオリン-セレンテラジンペルオキシド複合体)として"安定に存在する"と考えられる．発光は Ca^{2+} のイクオリンへの結合により，アポイクオリン-セレンテラジンペルオキシド複合体が分解する過程で発生する．また，発光反応直後に生成したBFPは，酵素-生成物複合体(E-P complex)とみなすことができる．近年このBFPが単離され，蛍光能をもつだけでなく，セレンテラジンを発光基質とするルシフェラーゼとして働くことが証明されている[8〜10]．さらにBFPは，還元状態において95℃，3分間の熱処理においても，その蛍光・ルシフェラーゼ活性能を保持している[8]．また，キレート剤EDTA存在下により結合 Ca^{2+} を除くと，緑色の蛍光を示すタンパク(gFP)へ変換できる．このgFPにセレンテラジンを添加するのみで，イクオリンへの再生も可能であり[8〜10]，今後の応用展開が期待される．

5.4 発光タンパク質イクオリンの発光の特徴と優位性

イクオリンの発光パターンは，図5.2に示すように Ca^{2+} 添加による瞬間発光であり，発光の特徴を以下にまとめる．

1) 発光基質がタンパク質内で安定化されているため，バックグラウンドノイズがほとんどない．他のルシフェリン-ルシフェラーゼ反応においては，ルシフェリン自身あるいは化学発光基質からの自家発光がある．

2) Ca^{2+} 特異的発光で発光パターンがスパイク状であるため，疑似活性と区別ができ，高S/N比発光信号が得られる．

3) 発光反応が数秒以内に終了するため，測定が短時間であり，大量試料処理が可能である．

4) 発光の極大波長が460 nmにあり，市販の発光測定装置でのイクオリン検出限界は1 fg (10^{-15} g) と高感度である．同一タンパク質量によりホタルルシフェラーゼと比較すると，イクオリンが約100倍発光強度が高い．

5) イクオリンタンパク質量と発光量の間には直線性があり，広いダイナミックレンジ($1 \sim 10^6$)を有する．

6) Ca^{2+} の混入を防ぐためのキレート剤添加のみで，通常の酵素と同様な取り扱いでよく，発光反応の至適pHは 6〜9 と広い．

7) 上記のイクオリンの発光特性を考慮すると，検出部のみを高感度化することにより，さらに検出感度を上げる可能性がある．

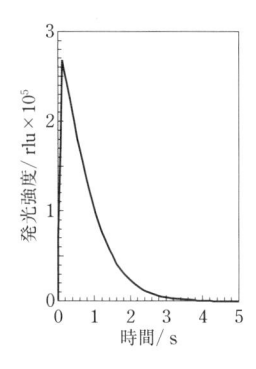

図 5.2 イクオリンの発光パターン．50 mM $CaCl_2$ 添加による 300 pg の組換えイクオリン溶液の発光反応をベルトール社 LB960 で測定．rlu：relative light units，相対発光強度．

5.5 医療領域におけるイクオリンの検出プローブとしての可能性

イクオリンの医薬領域における利用法は，前述の発光特性を考慮すると，種々のアッセイ系での高感度検出用プローブとして可能性が高く，以下の方法がある．

5.5.1 イクオリンタンパク質を検出プローブとして用いる場合

イクオリンは，機能性タンパク質としては比較的低分子で，しかも球状のタンパク質である[7]．Ca^{2+} の非存在の条件では，一般酵素と同様な取り扱いが可能である．イクオリン分子に機能分子(リガンド，タンパク質など)を結合させる方法として，化学修飾法と，遺伝子組換え法による融合イクオリンタンパク質の調製法がある．

A．化学修飾法によるイクオリン標識

イクオリンへの化学修飾法による方法は，穏和な条件で反応が進むスクシミド反応とマレイミド反応が利用される(図 5.3)．

1) アミノ末端あるいはリジン残基のアミノ基($-NH_2$)を利用する場合，スクシミド誘導体との反応により調製する(図 5.4a)．たとえば，ビオチン化イクオリンの調製の場合は，反応するリジン残基が特定されており，質量分析法により，イクオリン 1 分子につき平均 2.3 分子のビオチンが結合している[11]．

2) チオール基($-SH$)を利用する場合，マレイミド誘導体との反応により調製する．イクオリン分子には 3 個の遊離のシステイン残基が存在する．このチオール基をマレイミド化すると，発光活性は完全に失活する．そこで，X 線結晶構造の結果から[7]，発光活性に影響を与えないアミノ末端領域に新規システイン残基を導入した組換え Cys 型イクオリン(Cys-イクオリン)を調製し，かつ反応モル比を制御することにより，発光活性を失うこ

(a) アミノ基への置換反応

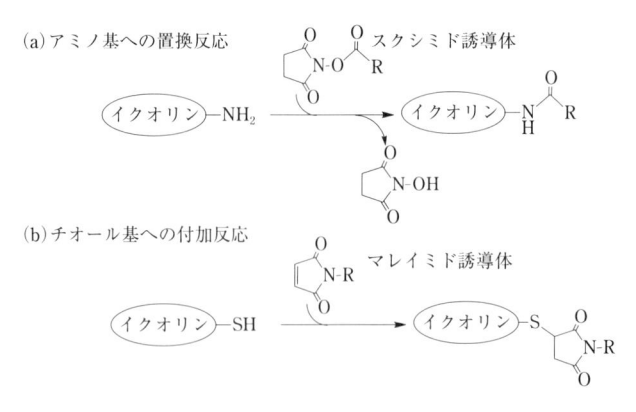

(b) チオール基への付加反応

図 5.3 イクオリンへの機能分子の化学修飾法.

(a) アミノ基を利用する場合

Aeq-ビオチン (1:2.3)

(b) チオール基を利用する場合

Aeq-ビオチン (1:1)

Aeq-ストレプトアビジン (1:1)

Aeq-抗体 (1:1)

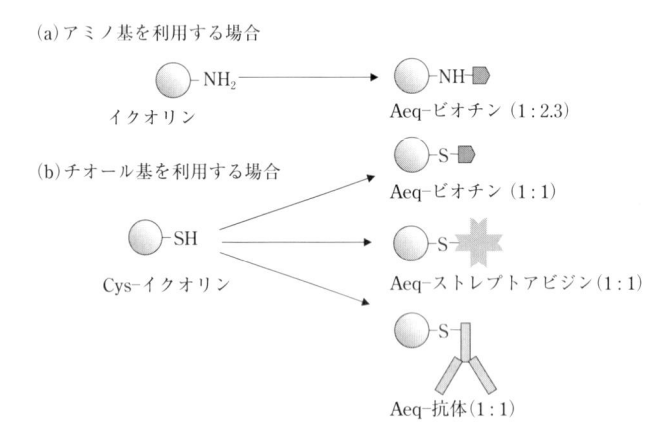

図 5.4 イムノアッセイ用イクオリンの化学結合法による結合.イクオリン：天然型組換えイクオリン，Cys-イクオリン：新規システイン導入型イクオリン，Aeq-ビオチン：ビオチン結合型イクオリン，Aeq-ストレプトアビジン：ストレプトアビジン結合型イクオリン，Aeq-抗体：イクオリン化抗体.

となく，イクオリン分子と機能性分子 1：1 で修飾することが可能となった(図 5.4b)[12].

B. 遺伝子組換え法による融合イクオリンの調製

　イクオリン遺伝子と標的タンパク質の融合タンパク質を調製する場合，イクオリンのアミノ末端に標的遺伝子を融合させる必要がある．イクオリンのカルボキシ末端へ融合した場合，融合イクオリンの発光活性を著しく低下する．イクオリン中のセレンテラジンペルオキシドの-OOH 部分が，カルボキシ末端近傍にある 184 番目のチロシンの水酸基で安定化されており，タンパク質融合させることにより，アポイクオリンかイクオリンへの再生および安定化へ影響を与えていると推定される[7]．イムノアッセイ用の検出イクオリン

として，プロテイン A あるいはプロテイン G の IgG 結合ドメイン，ビオチン結合タンパク質であるストレプトアビジンとの融合イクオリンが創出され，イムノアッセイ系で使用することが可能である．

5.5.2　イクオリン遺伝子を Ca^{2+} 検出プローブとして利用する場合

イクオリン遺伝子を細胞内発現で発現後，セレンテラジンを添加して細胞内でイクオリン再生させ，外部刺激によるシグナル伝達の結果生ずる細胞内 Ca^{2+} 変化を指標とするアッセイ法である．とくに，創薬におけるセルベース・ドラッグスクリーニング系(培養細胞を用いる薬効の評価系)で応用され，G タンパク質共役型受容体(G protein-coupled receptor, GPCR)関連のドラッグスクリーニング系で使用されている．GPCR は細胞膜を 7 回貫通する受容体で，リガンド(生理活性物質)が結合すると，その信号は G タンパク質を活性化し，他の種々のタンパク質を活性化するセカンドメッセンジャーを動員する．セカンドメッセンジャーである Ca^{2+} の変化を，細胞内発現したイクオリンを利用して検出する．ヒトゲノム解析の結果，865 個の GPCR の存在が予測されており，GPCR 様の膜タンパク質受容体は，疾患の分子標的となる比率が他の受容体に比べて高く，GPCR のアゴニストやアンタゴニストは，臨床で有効な薬品になる可能性を示唆している．現在，製薬会社においては，膨大な化合物ライブラリーを用いて，標的 GPCR や内在性リガンドの不明な GPCR の解析において，イクオリン遺伝子を用いたハイスループットスクリーニングを行っている．

5.6　イクオリンを検出プローブとするイムノアッセイ系での応用

イムノアッセイ法は，抗体を分子認識の手段とした抗原-抗体反応による標的分子を検出する方法である(図 5.5)．

5.6.1　アビジン-ビオチンコンプレックス法による検出

アビジン-ビオチンコンプレックス(avidin-biotin complex, ABC)法は，一般に検出酵素として，アルカリホスファターゼ(AP)や西洋ワサビペルオキシダーゼ(HRP)を使用し，化学発光基質(アダマンチル誘導体やルミノール)を添加して，連続発光を測定する方法である．これらのビオチン化酵素の代わりに，イクオリン標識ビオチンを用いて検出することが可能である(図 5.5a)．実際に，肝がんの血清マーカーである α-フェトプロテイン(AFP)をモデル抗原として，ビオチン化イクオリン(biotin-S-AQ)，ビオチン化アルカリホスファターゼ(biotin-AP)，ビオチン化ペルオキシダーゼ(biotin-HRP)を用いて，比較検討を行った(図 5.6)．ビオチン化イクオリンは ABC 法で使用可能であり，Blank + 3SD

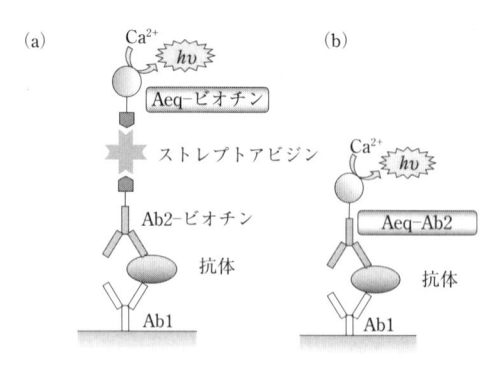

図 5.5 イクオリン標識ビオチンおよび抗体によるイムノアッセイ法の原理. (a)ビオチン化イクオリンによるビオチン-ストレプトアビジン複合体による検出法, (b)イクオリン化抗体による検出法(AAA 法).

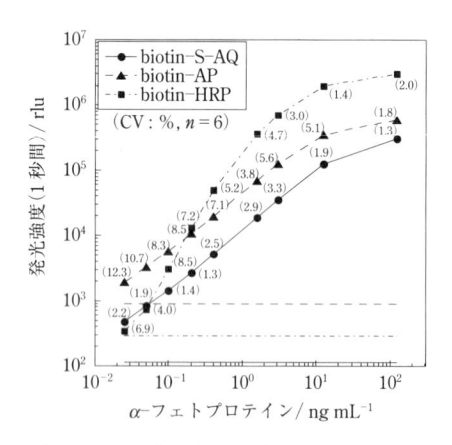

図 5.6 ビオチン化イクオリン(biotin-S-AQ), ビオチン化アルカリホスファターゼ(biotin-AP), ビオチン化ペルオキシダーゼ(biotin-HRP)による AFP の検出の比較. CV：変動係数(coefficient of variation). [S. Inouye, J. Sato, *Biosci. Biotechnol. Biochem.*, **72**, 3310(2008)]

値は，AP および HRP より低く，S/N 比が高い．

5.6.2 イクオリンの抗体への直接ラベル化法による検出

化学修飾法によりイクオリンを直接抗体に 1：1 で結合させる方法を開発し，イムノアッセイ系で使用できることをも示した(図 5.5b 参照)．イクオリン-抗体-抗原複合体形成することから，トリプル A 法(AAA，aequorin-antibody-antigen)と命名した．ABC 法と同様感度で，AFP の検出が可能であることが明らかとなった(図 5.7)[12].

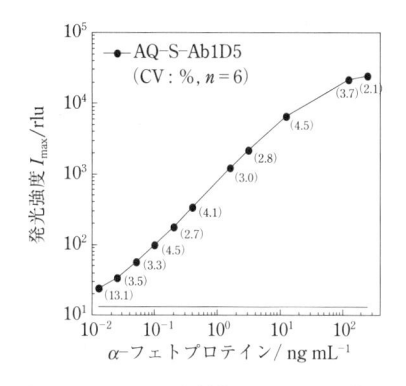

図 5.7　イクオリン化抗体による AFP の検出.
[S. Inouye, J. Sato, *Anal. Biochem.*, **378**, 105(2008)]

5.7　発光タンパク質を用いる検出の高感度化

　イムノアッセイ法による医療診断はすでに行われており，現在の感度で十分である．しかし，現行のアッセイ感度の 10 ～ 100 倍程度の検出感度が向上すれば，今まで見えなかった現象を見いだせる可能性も出てくる．実際に高感度をめざすためのアプローチとして，①タンパク質量あたりの発光強度の高い(高 S/N 比)発光タンパク質の創出による高感度化，②イクオリンの検出感度はそのままで，検出分子を濃縮することで高感度化，③①と②の併用による高感度化があげられ，具体的に以下のような方法が考えられる．
　発光タンパク質のタンパク質量あたり発光強度を上げる方法には，発光基質であるセレンテラジンの誘導体を用いる半合成イクオリンを使用すること[13]や，近年イクオリンよりも S/N 比が 5 倍程度高いことが証明されたクライティン-II を使用することが考えられる[14]．半合成クライティン-II では，発光反応が非常に速く正確には測定できていないが，S/N 比は 10 倍以上あると推定される[14]．検出分子を濃縮する方法としては，たとえば，担体の表面に検出分子認識抗体を結合させて濃縮分離後，通常のアッセイを行う．担体としては，溶液から分離可能であるフェライト粒子の可能性が高い．

5.8　お わ り に

　ここでは，発光タンパク質イクオリンを中心にその応用について解説した．一方，セレンテラジンを発光基質とするルシフェラーゼの中で，これから注目されるルシフェラーゼは甲殻類由来の分泌型ガウシアルシフェラーゼであり[15]，リアルタイムイメージングの

強力な道具であることが示されている[16]．生細胞からのタンパク質の分泌，あるいは細胞表面への分泌移動の可視化は，現在汎用されているGFPを用いる蛍光法に比べても見劣りのないデータの蓄積が進んでおり，医療領域での生物発光法による利用がますます広がってくると考えられる．

引用文献

1) O. Shimomura, *Bioluminescence*, p. 346, World Scientific Publishing, Singapore (2006)
2) 井上 敏, 蛋核酵, **46**, 220 (2001)
3) O. Shimomura, *Biol. Bull.*, **189**, 1 (1995)
4) S. Inouye, M. Noguchi, Y. Sakaki, Y. Takagi, T. Miyata, S. Iwanaga, T. Miyata, F.I. Tsuji, *Proc. Natl. Acad. Sci. USA*, **82**, 3154 (1985)
5) S. Inouye, S. Aoyama, T. Miyata, F.I. Tsuji, Y. Sakaki, *J. Biochem.*, **105**, 473 (1989)
6) O. Shimomura, S. Inouye, *Protein Expr. Purif.*, **16**, 91 (1999)
7) J.F. Head, S. Inouye, K. Teranishi, O. Shimomura, *Nature*, **405**, 372 (2000)
8) S. Inouye, *FEBS Lett.*, **577**, 105 (2004)
9) S. Inouye, S. Sasaki, *FEBS Lett.*, **580**, 580 (2006)
10) S. Inouye, S. Sasaki, *Biochem. Biophys. Res. Commun.*, **354**, 650 (2007)
11) S. Inouye, M. Nakamura, *Anal. Biochem.*, **316**, 216 (2003)
12) S. Inouye, J. Sato, *Anal. Biochem.*, **378**, 105 (2008)
13) S. Inouye, *Methods Enzymol.*, **326**, 165 (2000)
14) S. Inouye, *J. Biochem.*, **143**, 711 (2008)
15) S. Inouye, Y. Sahara, *Biochem. Biophys. Res. Commun.*, **365**, 91 (2008)
16) T. Suzuki, S. Usuda, H. Ichinose, S. Inouye, *FEBS Lett.*, **581**, 4551 (2007)

6 腸管上皮細胞の分化制御機構

6.1 はじめに

 消化管は口腔から食道，胃，小腸，大腸からなる管腔組織である．口から摂取した食事を消化，体内へ吸収し，不要物を排泄することがおもな働きとしてよく知られている．しかし，その機能を維持するために，消化管の運動の調節や局所の免疫機能を調節し，また粘膜の防御や修復するなど多彩な制御機構を有している．これは消化管が体外と接しており，管腔内には食事や腸内細菌などさまざまな物質が存在し，常にこれらに暴露される状況においても，恒常的に機能できるようにするためと思われる．そのため管腔側と接している上皮細胞には多彩な機能をもつことが要求され，それぞれの機能に対応した多種類の細胞が存在することが知られている．とくに筆者らは小腸，大腸の腸管に着目し，腸管上皮細胞がどのような機能をもち恒常性維持に働いているか，またその機能異常と腸管疾患の関連性を解析しており，以下に紹介したい．

6.2 腸管の機能

6.2.1 腸管の構造

 小腸は全長約 6 m，総面積はテニスコート 1 面分もあり，最も広大な器官である．腸管の内腔側は 1 mm 程度の細かい絨 (じゅう) 毛が密集し，その表面は単層の上皮細胞で覆われている．上皮細胞は，それぞれの絨毛の陰窩 (か) 底部にある幹細胞から増殖細胞を経て，おもに杯細胞，神経内分泌細胞，パネート細胞，吸収上皮細胞へと分化する．杯細胞，神経内分泌細胞，吸収上皮細胞は管腔側に移動しながら分化するが，パネート細胞は陰窩底部に位置する[1]．

 大腸は約 1.5 m の長さであり，小腸と異なり絨毛構造をもたず，腺管の規則正しい配列を有する．大腸も単層の上皮細胞で覆われているが，細胞はおもに杯細胞からなり，その

6 腸管上皮細胞の分化制御機構

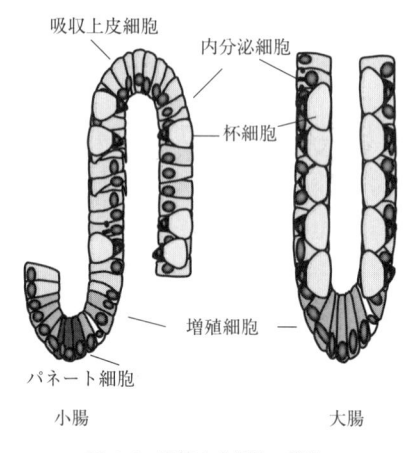

図 6.1 腸管上皮細胞の構造.

間隙に吸収上皮細胞と内分泌細胞が存在している(図 6.1).

6.2.2 上皮細胞の機能

腸管上皮細胞は 4 種類の細胞からなることを前述したが,それぞれの細胞の形質は異なり,腸管機能の分担をしている.杯細胞は杯型の細胞で,ムチン,TFF3(trefoil factor,トレフォイルファクター),IL7(Interleukin7,インターロイキン 7)などを産生し,杯の部分に粘液を貯蔵して分泌される.ムチンは腸管壁の防御に,TFF3 は腸管障害時の修復に作用する.また,IL7 はサイトカインであり,腸管局所の免疫制御を司っており,杯細胞は粘液を分泌することで,腸管構造の維持,防御に働く細胞であると考えられる.

神経内分泌細胞は多種類のホルモンを産生し,消化酵素の分泌調節や消化管運動調節を制御しており,腸管の機能調節を司っている.

パネート細胞は小腸の陰窩底部にのみ存在し,好酸性の顆粒を含んだ細胞であり,顆粒内にはリソソーム,PLA2(ホスホリパーゼ A2),Human Defensin(HD)5,HD6 が含まれている.リソソームは細胞内に侵入した細菌を分解し,PLA2, HD5, HD6 は分泌され抗菌活性を有することから,パネート細胞は体内への腸内細菌侵入に対する防御を司っている.以上 3 種類の細胞は分泌系の細胞であり,おもに腸管の構造・機能維持調節に働いている.

吸収上皮細胞はおもに水,電解質,タンパク質,脂肪,ビタミン,炭水化物,糖を吸収する.

以上それぞれの細胞が役割を分担し,腸管の機能維持を行っており,その細胞組成,分化が重要であることが示唆される.

6.2.3 腸管上皮細胞の分化

腸管上皮細胞は，陰窩底部の幹細胞から管腔側に移動しながら分化し，最終的には管腔内に脱落する．この幹細胞から脱落までは1週間と非常に短く，一生涯繰り返されることより，細胞回転の最も早い臓器の1つである．さらに，4種類の細胞に毎回適切に分化することが要求されることからも，ち密な制御機構の存在，またその制御の破たんが，腸疾患に関連性があることが予想されている．

そこで筆者らは，腸管上皮細胞の分化調節機構を明らかとし，また疾患による分化制御の異常が病因，病態の本質である可能性を解明することを目的として，研究を進めている．

6.3 腸管上皮細胞分化制御機構

6.3.1 腸管分化機構

これまでの腸管上皮細胞分化の概念はがんの逆説として考察されてきた．つまり，大腸がんの未分化形質の無秩序な増殖は，WntシグナルでのAPC変異に起因すること[2]が明らかとなってから，Wntシグナルが腸管上皮細胞の増殖と分化を制御する因子として位置づけられてきた．Wntシグナルは細胞増殖と未分化維持に作用し，Wntシグナルが抑制されることで増殖抑制とともに分化誘導すると考えられてきたが[3,4]，直接腸管上皮細胞の分化制御をする遺伝子は全く解明されていなかった．

しかし2001年に，転写因子Atonal homolog 1 (Atoh1) が，そのマウスホモログであるMath1の欠損マウスの解析にて腸管上皮分化に必須な遺伝子であることが判明した．Atoh1はショウジョウバエのbasic helix-loop-helix (bHLH) 転写因子としてクローニングされ，おもに発生段階での脳神経系の構築に必須の遺伝子として解析されてきた[5]．しかし，Math1欠損マウスの解析より，4種類の腸管上皮細胞のうち吸収上皮細胞を除く分泌型の3種類の細胞がすべて欠損しており，これら分泌系の細胞の分化に必須であることが証明された[6]．

また，同時期にほかのbHLH転写因子であるHes1は，その欠損マウスの解析にてMath1と逆に吸収上皮細胞のみ欠損し，そのほかの3種類の分泌型の細胞の増加を認めた．Hes1はさまざまな分化調節にかかわるNotchシグナルの標的遺伝子であり，Notch-Hes1が吸収上皮細胞の分化に必須であることが証明された[7]（図6.2）．

しかし，腸管におけるAtoh1の制御機構，またヒトホモログであるHath1の機能に関しては全く解明されてない．そこで筆者らは，Hath1の機能および制御機構を解析するとともに，疾患関連性の有無について検討した．

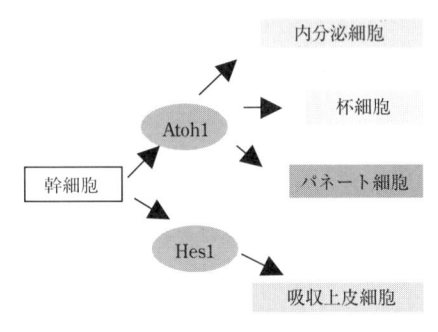

図 6.2 腸管上皮細胞分化系列.

6.3.2 Wnt シグナルによる Hath1 制御機構

最初に筆者らは Hath1 の機能を解析するため，Hath1 発現プラスミドを作成し大腸がん由来細胞株に導入したが，驚いたことに Hath1 タンパク質の発現を認めなかった．その原因究明のため，プロテアソーム系タンパク分解酵素阻害剤で処理をしたところ，Hath1 タンパク発現を認め，さらにユビキチンとの共発現にて Hath1 タンパクのポリユビキチン化を確認した．

以上より，大腸がん細胞内の Hath1 タンパク質は，ユビキチン-プロテアソーム系の制御機構により積極的なタンパク分解を起こしていることが明らかとなった．プロテアソーム系タンパク分解は，標的タンパク質のリン酸化などの修飾を受けた特定アミノ酸配列を，ユビキチン化酵素が認識しポリユビキチン化され，プロテアソームにて分解させる系である．そのため，Hath1 のタンパク分解においてもユビキチン化酵素に認識されるアミノ酸配列の同定を試みたところ，種々の Hath1 変異体のタンパク質発現解析により 54, 58 番目のセリン残基が Hath1 タンパク分解に必須であった．さらに，このセリン残基は GSK(グリコーゲンシンターゼキナーゼ)3β によってリン酸化されるコンセンサス配列であったため，$GSK3\beta$ と Hath1 タンパク質安定性の関係を解析した．その結果，種々のリン酸化阻害剤にて処理したところ，特異的な $GSK3\beta$ 阻害剤においてのみ Hath1 タンパク質の発現を認めた．また，$GSK3\beta$ の siRNA 処理にて，GSK3 の発現低下により Hath1 タンパク質の安定化を認めたことは，Hath1 タンパク質の 54, 58 番目のセリン残基が $GSK3\beta$ によってリン酸化され，Hath1 はポリユビキチン化されプロテアソーム系タンパク分解を引き起こすと考えられた．

$GSK3\beta$ によるプロテアソーム系タンパク分解機構は，Wnt シグナルにおける β カテニンのタンパク分解，機能制御機構と同一であることから，$GSK3\beta$ による Hath1 タンパク分解機構に Wnt シグナルが関連するかを解析した．Hath1 タンパク質が安定して発現す

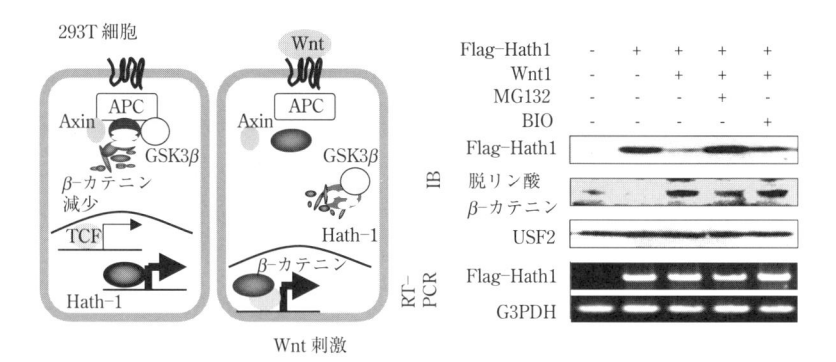

図 6.3 Wnt 刺激による Hath1 タンパク分解.
［K. Tsuchiya et al., *Gastroenterology*, **132**, 208（2007）］

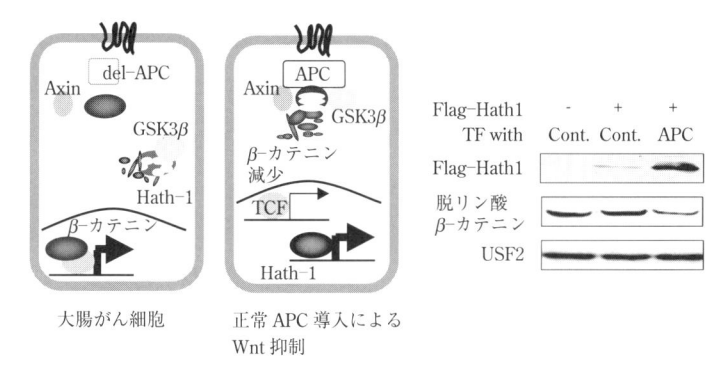

図 6.4 大腸がん細胞の Wnt 抑制による Hath1 タンパク安定化.
［K. Tsuchiya et al., *Gastroenterology*, **132**, 208（2007）］

る腎細胞由来 293T 細胞株において Wnt1 を共発現させると β カテニンタンパク質の増加を認める一方で Hath1 タンパク質の減少を認めた．さらに，プロテアソームタンパク分解阻害剤や GSK3 阻害剤処理にて Hath1 タンパク発現が回復することから，Wnt シグナルによる GSK3 依存性のプロテアソーム系タンパク分解を起こすことが確認された（図 6.3）[8]．そこで筆者らが使用した大腸がん細胞株は，APC 欠損にて恒常的に Wnt シグナルが活性化されているため，Hath1 の積極的なタンパク分解が起きると予想し，正常の APC を導入することにより Wnt シグナルを不活化した．Wnt シグナルの不活化により β カテニンのタンパク質量の減少を確認し，一方で有意に Hath1 タンパク質発現量が増加し，Wnt シグナルによる Hath1 と β カテニンのタンパク安定性の相反する制御機構を認めた（図 6.4）[8]．

そこで，実際のヒト大腸における Hath1 の制御機構を解析するため，大腸がん患者の

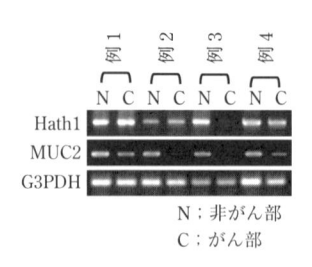

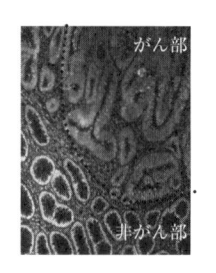

6 腸管上皮細胞の分化制御機構

図 6.5 大腸がん患者の Hath1 タンパク質発現低下.

手術検体を用い,同一患者のがん部と非がん部をそれぞれ採取し,Hath1 発現を確認した.RT-PCR(逆転写ポリメラーゼ連鎖反応)により,Hath1 の mRNA の発現はがん部,非がん部ともに同程度発現していたが,免疫染色にて Hath1 タンパクを描出するとがん部のみ発現を認めなかった(図 6.5).これは,ヒト大腸がんでは Hath1 遺伝子が発現しているにもかかわらず,Hath1 タンパク質を認められないことより,細胞株での解析同様にHath1 タンパク質の積極的分解を起こしていることを示唆した[8].

さらに,大腸がんにおける Hath1 のタンパク分解が上皮細胞分化形質発現に影響があるか解析を行った.大腸がん細胞株は未分化形質であり,杯細胞分化形質のムチン 2 (MUC2)遺伝子は発現していない.そこで,Hath1 の標的アミノ酸配列であるセリン残基をアラニン残基に置換した Hath1 変異体(SA Hath1)を作成し,大腸がん細胞株にドキシ

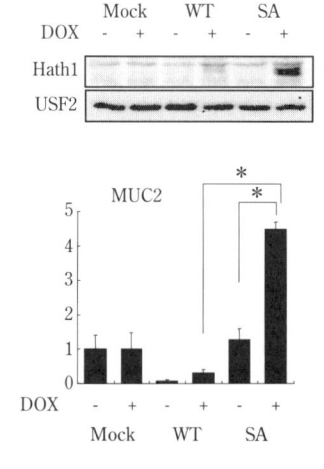

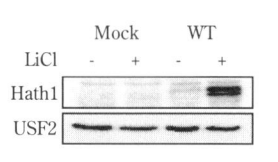

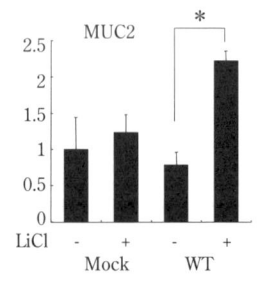

Hath1 変異体によるタンパク質安定化   GSK3 阻害剤による Hath1 タンパク質安定化

図 6.6 Hath1 タンパク質安定化による分化形質獲得.

サイクリン依存性に発現させたところ，変異 Hath1 タンパク質は安定化して定常発現させることができた．その細胞の分化形質を解析するとムチン2遺伝子の増加を認め，分化形質の獲得を認めた(図 6.6)．また，GSK3 阻害薬であるリチウム処理によって，正常 Hath1 タンパク質においても安定化することを確認し，同様にムチン2遺伝子の増加を認めたことから，GSK3 阻害薬が大腸がんを分化誘導させるという新規治療法の可能性まで示唆することができた(図 6.6)．

これは，腸管上皮細胞の APC 変異は β カテニンの安定化だけではなく Hath1 の積極的なタンパク分解が未分化形質を維持することによりがん形質を獲得するという，発がんの新たな機構を証明し，さらには，その制御を標的とした GSK3 阻害剤の大腸がんに対する新規治療法の可能性を発見しえた研究成果であった[9]．

6.3.3 Notch シグナルによる Hath1 制御機構

6.3.1 項の Hes1 欠損マウスは，腸管上皮細胞のうち吸収上皮細胞のみ欠損するという Math1 欠損マウスと対称的な表現系を示しているが，Hes1 欠損マウスでは Math1 遺伝子が増加すると報告された．さらに近年 Hes1 の上流である Notch シグナルの腸管上皮細胞運命決定因子としての機能が報告された[10,11]．Notch シグナルは，リガンドとの反応で細胞表面のレセプターの細胞内ドメインが切離され，核内へ移行し，転写因子である RBJ-k と結合して転写活性を有する．そのおもな標的遺伝子が Hes1 であり，Hes1 は，その結合配列である Nbox 配列を認識して標的の遺伝子の転写を抑制する作用をおもにもつ(図 6.7)．そこで，Notch 細胞内ドメイン(NICD)のみをマウス腸管に発現させる系が確立され，腸管上皮細胞の Notch シグナルを亢進させた結果，その表現系として杯細胞など分泌型細胞の減少を認めた．また，その逆に Notch シグナル抑制する系として，Notch レセプター切断酵素阻害剤が存在する．リガンド刺激を受けた Notch レセプターは γ セクレターゼという酵素により NICD に分離されるが，その γ セクレターゼ阻害薬は，Notch レセプターの切断を阻害することによりシグナルを抑制できる．マウスへの Notch 阻害剤の投与により，腸管上皮の杯細胞の増加を認めたことからも，Notch シグナルは分

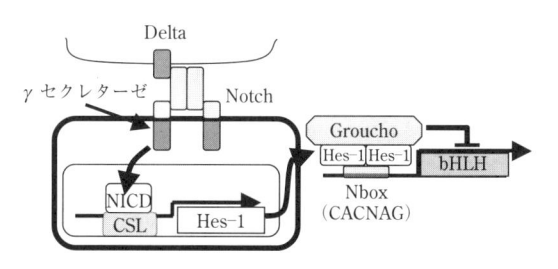

図 6.7 Notch シグナル経路．

腸管上皮細胞株
NICD1 発現

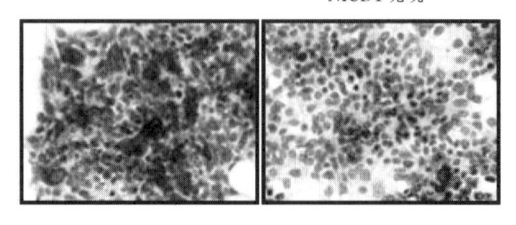

図 6.8　Notch シグナル亢進によるムチン産生減少.

泌型細胞への分化抑制に作用すると考えられる.

　そこで筆者らは，ヒトにおける腸管上皮細胞の分化形質と Notch シグナルの関連性を解析した．Notch シグナル刺激の系として，NICD を発現ベクターに組み込み，腸管上皮細胞に Tet-on システムを用いてドキシサイクリン依存性に発現させることにより，Notch シグナルを亢進させる系を構築した．杯細胞形質をすでに有している腸管由来細胞株に NICD を発現させると，Hes1 の増加とともに Hath1 遺伝子とムチン 2 遺伝子の減少，粘液貯留の減少を認めた(図 6.8)．また逆に，腸管上皮細胞に Notch 阻害薬を処理して，Notch シグナルを減弱させると，Hath1 遺伝子の増加とともに粘液の増加，ムチン 2 の増加を認め，マウスでの報告と同様の現象を確認できた.

　そこで，ヒト大腸組織での Notch シグナルの分布と杯細胞分布の関連を解析するため，Notch シグナルの評価として Notch 細胞内ドメインにのみに特異的に結合する抗体を用い，杯細胞としてはムチン 2 抗体を用いて免疫染色した．その結果，腸管上皮の陰窩側の未熟細胞に NICD は高発現しており，杯細胞には発現しないことを認め，細胞株での NICD と杯細胞形質の関連をヒト個体でも確認できた.

　続いて，このような Notch シグナルによる杯細胞形質抑制作用と腸疾患との関連を考察した．杯細胞減少をおもな特徴として病態となる疾患として，慢性の難治性炎症性腸疾患である潰瘍(かいよう)性大腸炎があげられるが，その異常機構，意義は全くわかっていなかった．筆者らは，潰瘍性大腸炎の杯細胞減少は，Notch シグナル制御異常が原因であると推測し，潰瘍性大腸炎患者の大腸検体を用いて NICD の発現を解析したところ，正常人と比較して NICD 陽性の増殖細胞が管腔側まで延長し，杯細胞が減少していることを認めた(図 6.9).

　さらに，炎症状態における NICD の発現と杯細胞の減少の意義を確認するために，腸炎モデルマウスを用いて解析を行った．硫酸デキストラン(DSS)の飲水にて腸炎が惹起されるが，炎症時では Hes1 陽性細胞の増加，杯細胞の減少を認め，ヒト腸炎と同様の所見であった．しかし，Notch 阻害剤を腹腔内投与すると，Hes1 陽性の増殖細胞は減少したが，

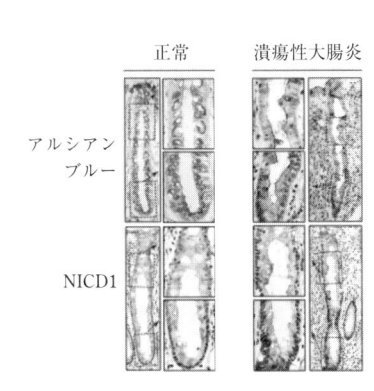

図 6.9 潰瘍性大腸炎における Notch シグナル亢進と杯細胞減少.

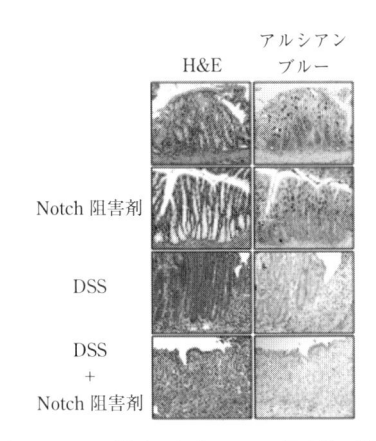

図 6.10 DSS 腸炎における Notch 阻害剤の影響.

杯細胞は増加せず粘膜の脱落を認めた(図 6.10). このことから, 炎症時には Notch シグナルが分化を抑制し, 上皮細胞の増殖を優先させることで, 炎症による粘膜損傷から組織構築の維持を行っていることが考えられた.

以上の結果から, ヒト潰瘍性大腸炎患者においても, 腸管上皮の Notch シグナルの亢進は細胞増殖を介して, 腸粘膜組織を維持していることが示唆される.

6.4 おわりに

今回筆者らは, 腸管上皮細胞の多種性, 多様性, 早い細胞回転性に着目し, その制御, 維持機構の解明を行った. 腸管上皮分化マスター遺伝子である Atoh1 を中心に解析を行い, ヒトホモログである Hath1 は Notch シグナルにより遺伝子発現を制御され, タンパク質安定性を Wnt シグナルに制御されていることを明らかとし, それぞれの制御破たんが慢性腸炎, 大腸がんと密接にかかわることを発見した(図 6.11). 腸疾患における腸管上皮細胞の機能異常は疾患の症状だけでなく, 病態の本質にかかわるであろうことは以前より指摘されていた. 近年分子レベルでの分化制御機構が明らかにされることで, 腸疾患における分子機構の異常が解明され, その制御破たんを標的にした新規治療薬を開発することで, 医療の発展が望まれる.

腸管分化制御機構の要点を次にあげる.

1)腸管上皮細胞は 4 種類の細胞から構成され, 1 週間ですべての細胞が入れ替わる回転の早い組織であり, 秩序正しい分化制御が要求される.

2)その分化制御機構として Wnt シグナル, Notch シグナルが深くかかわることを筆者

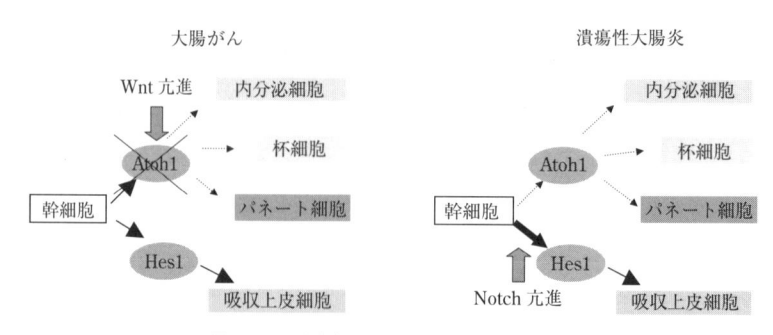

図 6.11　腸疾患における分化制御機構異常.

らは発見し，Atoh1 という分化マスター分子の遺伝子発現，およびタンパク質安定性をそれぞれ制御し，細胞発現，細胞成分調節を行っている．

3) Wnt シグナルの破綻による Hath1 タンパク分解を介した分化抑制が発がんに関連し，慢性腸炎における Notch シグナルが細胞増殖を優先し杯細胞分化を抑制していることなど，各シグナル制御の破綻がヒト腸疾患と関連している．

引 用 文 献

1) H. Cheng, C.P. Leblond, *Am. J. Anat.*, **141**, 537 (1974)
2) J. Huelsken, J. Behrens, *J. Cell Sci.*, **115**, 3977 (2002)
3) E. Batlle, J.T. Henderson, H. Beghtel, M.M. van den Born, E. Sancho, G. Huls, J. Meeldijk, J. Robertson, M. van de Wetering, T. Pawson, H. Clevers, *Cell*, **111**, 251 (2002)
4) M. van de Wetering, E. Sancho, C. Verweij, W. de Lau, I. Oving, A. Hurlstone, K. van der Horn, E. Batlle, D. Coudreuse, A.P. Haramis, M. Tjon-Pon-Fong, P. Moerer, M. van den Born, G. Soete, S. Pals, M. Eilers, R. Medema, H. Clevers, *Cell*, **111**, 241 (2002)
5) N. Ben-Arie, H.J. Bellen, D.L. Armstrong, A.E. McCall, P.R. Gordadze, Q. Guo, M.M. Matzuk, H.Y. Zoghbi, *Nature*, **390**, 169 (1997)
6) Q. Yang, N.A. Bermingham, M.J. Finegold, H.Y. Zoghbi, *Science*, **294**, 2155 (2001)
7) J. Jensen, E.E. Pedersen, P. Galante, J. Hald, R.S. Heller, M. Ishibashi, R. Kageyama, F. Guillemot, P. Serup, O.D. Madsen, *Nat. Genet.*, **24**, 36 (2000)
8) K. Tsuchiya, T. Nakamura, R. Okamoto, T. Kanai, M. Watanabe, *Gastroenterology*, **132**, 208 (2007)
9) M. Aragaki, K. Tsuchiya, R. Okamoto, S. Yoshioka, T. Nakamura, N. Sakamoto, T. Kanai, M. Watanabe, *Biochem. Biophys. Res. Commun.*, **368**, 923 (2008)
10) J.H. van Es, M.E. van Gijn, O. Riccio, M. van den Born, M. Vooijs, H. Begthel, M. Cozijnsen, S. Robine, D.J. Winton, F. Radtke, H. Clevers, *Nature*, **435**, 959 (2005)
11) S. Fre, M, Huyghe, P. Mourikis, S. Robine, D. Louvard, S. Artavanis-Tsakonas, *Nature*, **435**, 964 (2005)

7 増殖因子受容体の分解制御と制がん

7.1 はじめに

　細胞増殖因子は，細胞表面上の増殖因子受容体を活性化して細胞内に増殖シグナルを発信する．したがって，増殖因子受容体の機能異常は細胞のがん化と密接なかかわりをもっている．ここでは，活性化された増殖因子受容体の分解（ダウンレギュレーション）とその調節の分子機構，そしてその破たんとがん化との関係について解説し，最後にこのプロセスを標的とした制がん剤開発への応用展開の可能性について簡単に述べる．

7.2 増殖因子受容体とがん

　我々ヒトのような多細胞生物では，個々の細胞が分裂して増殖するかどうかの決定は，その細胞自身が行うわけではなく，個体としてある特定の細胞を増やす必要があると判断したときにその細胞に対してシグナルを送り，細胞は外からのシグナルを受けてはじめて増殖を開始する．このシグナルというのが増殖因子とよばれる一群のタンパク質である．
　細胞表面上には，それぞれの増殖因子に固有の受容体タンパク質が存在する．増殖因子が受容体に結合すると受容体は二量体化し，細胞内ドメインに存在するチロシンキナーゼが活性化される[1]．これが引き金となって細胞内にさまざまな増殖シグナルが発信され，細胞増殖が誘導される[1]．したがって，さまざまな要因によって増殖因子受容体が不活性状態であるべきときに活性化してしまうと，不必要な細胞増殖が起き，がんをはじめとする細胞の異常増殖性疾患につながる．事実，がんの中には増殖因子受容体の過剰発現が原因となっている場合が数多く見受けられ，増殖因子受容体は，制がん剤開発における重要な分子標的として精力的に創薬研究がなされている[2]．有名なところでは，非小細胞性肺がんにおいて上皮細胞増殖因子（epidermal growth factor, EGF）受容体の過剰発現が頻繁にみられ，EGF受容体チロシンキナーゼに特異的な低分子阻害剤であるゲフィチニブやエルロチニブが，このタイプのがん治療に臨床応用されている[3]．また，EGF受容体と同

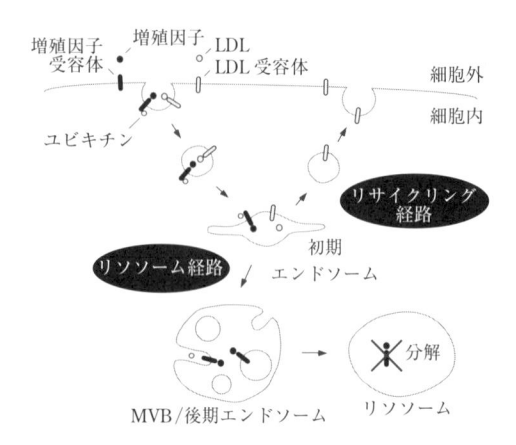

図 7.1 活性化された増殖因子受容体のリソソームへの輸送.エンドサイトーシスされた細胞膜タンパク質のうち,活性化増殖因子受容体は初期エンドソームを経てリソソームに輸送される(リソソーム経路).一方,LDL受容体は初期エンドソームから細胞表面に戻される(リサイクリング経路).このとき,受容体のユビキチン化がリソソームへの選別輸送シグナルとして働く.

じ ErbB ファミリーに属する受容体型チロシンキナーゼ HER2/ErbB2 は,乳がんで頻繁に過剰発現しており,その細胞外ドメインと特異的に結合するヒト化モノクローナル抗体トラスツズマブが,乳がん治療薬として用いられている[4].

7.3 増殖因子受容体のダウンレギュレーション

　前節で述べたように,増殖因子は,多細胞生物において特定の細胞の数を増やす必要があるときにその細胞に作用して増殖を促す.このとき,その細胞は必要な数にまで増えた時点で増殖を停止しなければならない.もし細胞がそのまま無秩序に増え続けると,がん化へとつながってしまう.そこで細胞には,増殖因子に対する応答が一過的なものとなるようにするための仕組みが備わっている.増殖因子が結合した受容体は,その活性化が引き金となって速やかに細胞内に取り込まれ,リソソームという細胞内小器官に輸送される.リソソームには,生体高分子を分解するさまざまな加水分解酵素が蓄えられており,増殖因子受容体はそこで分解されてしまう.活性化された受容体がなくなってしまえば,それ以上細胞内に増殖シグナルが発生することはないというわけである.つまり細胞内に増殖シグナルが生じるのは,増殖因子が受容体に結合してから受容体がリソソームで分解されるまでの一定期間(せいぜい数時間)に限定されているといえる.この分解のプロセスを受容体ダウンレギュレーション(down regulation)とよぶ.

　それでは,増殖因子受容体は細胞表面からどのようにしてリソソームに輸送されるのだ

ろうか．活性化された受容体は細胞膜からクラスリン被覆小胞に取り込まれ，まず初期エンドソームに運ばれる(図7.1)．このような細胞膜タンパク質や細胞外物質の細胞内への取り込みプロセスは，エンドサイトーシスとよばれる．受容体はその後，エンドソームの限界膜がその内腔に向けて陥入し，くびり切られて形成する内部小胞に取り込まれる．このようにして生じた多数の内部小胞を含むエンドソームは，多胞体(multivesicular body, MVB)あるいは後期エンドソームとよばれる．そして MVB がリソソームと膜融合することにより，増殖因子受容体は内部小胞もろともリソソームの内腔に到達し，加水分解酵素によって分解される[5～8]．

7.4 増殖因子受容体のリソソームへの選別輸送

　細胞表面からエンドサイトーシスされたすべての膜タンパク質が，リソソームに運ばれるわけではない．ここでは，別の輸送経路をとる膜タンパク質の代表として，低密度リポタンパク質(low-density lipoprotein, LDL)の受容体を取り上げる．LDL はコレステロールを含む脂質とタンパク質の複合体であり，細胞は LDL の形でコレステロールを細胞内に取り込んでいる．この取込みも受容体を介しており，LDL は細胞表面の LDL 受容体と結合してエンドサイトーシスされる．そして増殖因子受容体と同様に初期エンドソームへと運ばれる(図7.1参照)．ここで，LDL は受容体から解離して細胞に供給されるが，LDL 受容体は増殖因子受容体のようにリソソームへとは向かわずに細胞表面に戻される[5～8]．この経路は，リソソーム経路に対してリサイクリング経路とよばれる．7.3 節に述べたように，活性化された増殖因子受容体は放置しておくと危険な分子であるため，速やかにリソソームで分解してしまうわけであるが，LDL 受容体のように栄養物の取込みを担う受容体の場合はその必要はなく，分解してしまうとその分また新たに生合成しなければならないのでエネルギー的にむだである．そこで，そのような受容体は細胞表面に戻して再利用するわけである．したがって初期エンドソームは，エンドサイトーシスされて運ばれてきた細胞膜タンパク質のうちのどれをリソソームに運んで分解するのか，そしてどれを細胞表面に戻してリサイクルするのかを，仕分け(選別)する機能を有しているということになる．

7.5 タンパク質のユビキチン化

　それでは，初期エンドソームはいったい何を目印にしてこの選別を行っているのだろうか．それは受容体のユビキチン化である．ここでは，その選別のしくみについて説明する前に，ユビキチン化とは何かについて簡単に説明する．ユビキチンは，酵母からヒトまで真核生物で高度に保存された 76 アミノ酸からなる小さなタンパク質であり，C 末端カル

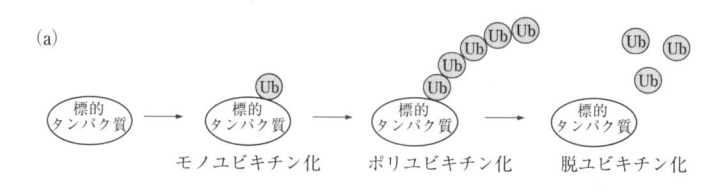

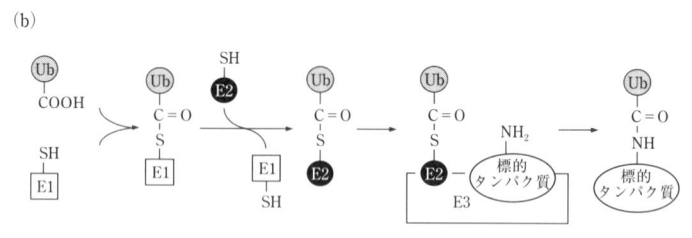

図 7.2 タンパク質のユビキチン化と脱ユビキチン化．(a)タンパク質のモノユビキチン化，ポリユビキチン化と脱ユビキチン化．(b)E1, E2, E3 酵素群によるタンパク質ユビキチン化反応．Ub：ユビキチン．

ボキシル基を介してさまざまな細胞内タンパク質のリジン残基の ε-アミノ基にイソペプチド結合により連結される(図 7.2a，モノユビキチン化)．ユビキチン自身もリジン残基をもっており，標的タンパク質に連結されたユビキチンに，さらに次々とユビキチンが連結されていく(図 7.2a, ポリユビキチン化)．ユビキチン化の役割として最も一般的なものは，26S プロテアソームでの分解シグナルとしての役割である．すなわち，ユビキチン化されたタンパク質は，細胞内のタンパク質分解装置であるプロテアソームに認識されて分解される[9]．この発見は 2004 年にノーベル化学賞を受賞した有名なものであるが，一方でユビキチン化には，プロテアソームでの分解シグナルとして以外の機能も存在することが明らかになってきている[10]．

タンパク質ユビキチン化は 3 段階の反応により行われる(図 7.2b)[11]．まずユビキチン活性化酵素(E1 酵素)の特定のシステイン残基に，ユビキチンの C 末端カルボキシル基がチオエステル結合する．この反応は ATP を必要とする．ユビキチンは次にユビキチン転移酵素(E2 酵素)の特定のシステイン残基に転移し，最後にユビキチン連結酵素(E3 酵素)の働きにより，基質タンパク質のリジン残基にイソペプチド結合によって連結される．このプロセスにおいて，どのタンパク質をユビキチン化するかという基質特異性を規定するのが E3 酵素である．ゲノム解読の結果から，ヒトにおいては 1,000 種類以上の E3 酵素の存在が予想されており，非常に多くの細胞内タンパク質がユビキチン化によって調節されていることが示唆されている．一方で，タンパク質のユビキチン化は不可逆的な反応ではなく，ユビキチンと標的タンパク質の間のイソペプチド結合を切断し，標的タンパク質からユビキチンを外す逆反応も存在する(図 7.2a, 脱ユビキチン化)．この反応を担うのが脱

ユビキチン化酵素であり，ゲノム配列から，ヒトにおいては基質タンパク質を異にすると予想される100種類近くの脱ユビキチン化酵素の存在が示唆されている[12,13]．

7.6 増殖因子受容体のユビキチン化とがん

エンドソームにおける受容体選別に話を戻す．エンドソームでは，エンドサイトーシスされた受容体のユビキチン化が，リソソームへの選別輸送シグナルとして働いている[5~8]．具体的には，ユビキチン化されることが受容体がMVBの内部小胞に取り込まれるための目印となっている．増殖因子の結合により活性化された増殖因子受容体は，E3酵素c-Cblと結合してユビキチン化される[14,15]．その結果，増殖因子受容体はリソソーム経路に選別される．一方，LDL受容体などは通常ユビキチン化されず，デフォルト経路であると考えられているリサイクリング経路に入っていくことになる．

ある種のマウスの発がんウイルスは，その遺伝子の中にc-Cblのドメイン欠失変異体v-Cblをがん遺伝子としてコードしている．c-Cblには増殖因子受容体に結合するドメインとE2酵素に結合するドメインが存在するが，v-CblはE2酵素結合ドメインを欠失しており，c-Cblの優性不能型変異体として働く[14,15]．すなわち，この発がんウイルスが感染してv-Cblが過剰発現した細胞では，v-Cblがc-Cblの受容体への結合を競合的に阻害する[14,15]．しかし，v-Cblはc-Cblと違ってE2酵素と結合できないため，受容体は活性化されてもユビキチン化されなくなってしまう(図7.3)．その結果，活性化受容体がリソソームで分解されずに細胞内に居続けてしまい，増殖シグナルが出っぱなしになり細胞ががん化する．v-Cblががん遺伝子であるというこの事実は，ユビキチン化に依存した増殖因子受容体のダウンレギュレーションが増殖因子による細胞増殖の負の調節機構としてきわめて重要な役割を担っていることを如実にものがたっている．

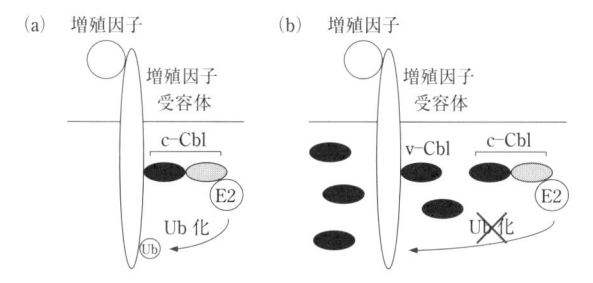

図7.3 v-Cblによる細胞がん化の機構．(a)正常細胞におけるc-Cblによる増殖因子受容体のユビキチン化機構．(b)v-Cblの過剰発現によりがん化した細胞における増殖因子受容体ユビキチン化の阻害．c-Cblは受容体結合ドメイン(黒)とE2酵素結合ドメイン(グレー)から，v-Cblは受容体結合ドメインのみからなる．Ub：ユビキチン．

7.7 エンドソームにおける増殖因子受容体の選別

　それでは，エンドソームにおいてユビキチン化された受容体だけを選別してリソソームへと送り出す機構は，どのようなものだろうか．これは，クラス E Vps(vacuolar protein sorting)とよばれるタンパク質群が構成する選別因子複合体によって遂行される複雑なプロセスである．クラス E Vps タンパク質はもともと，液胞(動物細胞のリソソームに相当)で働く酵素が生合成されたのちに正常に液胞に運ばれずに分泌されてしまう，出芽酵母の変異株において見いだされた原因タンパク質であり，これまでに 18 種類が同定されている[5〜8]．また，すべてのクラス E Vps タンパク質の相同遺伝子がヒトにも存在し，エンドソームにおけるユビキチン化タンパク質選別は真核細胞に広く保存された普遍的プロセスであることがわかっている[5〜8]．エンドサイトーシスされて初期エンドソームに運ばれてきた増殖因子受容体は，まず，2 種類のユビキチン結合性クラス E Vps タンパク質である Hrs と STAM からなる複合体(酵母の相同因子は Vps27-Hse1 複合体)によって，連結されたユビキチンを認識される(図 7.4)[5〜8]．増殖因子受容体はその後，いずれも 3 種類のクラス E Vps タンパク質からなるユビキチン結合性複合体 ESCRT(endosomal sorting complex required for transport)-I と ESCRT-II に，順々に受け渡される．最後に，4 種類のクラス E Vps タンパク質からなる複合体 ESCRT-III の働きにより，MVB 内部小胞へと取り込まれる(図 7.4)[5〜8]．少し複雑な話であるが，要点は，ユビキチンを認識して結合する選別因子がエンドソーム上で増殖因子受容体をトラップするということである．LDL 受容体のようにユビキチン化されないタンパク質は，これらの選別因子によって認識され

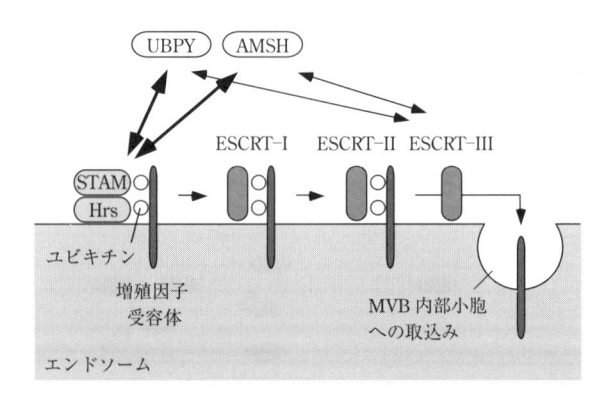

図 7.4　ユビキチン化された増殖因子受容体のエンドソームでの選別．ユビキチン化された増殖因子受容体は，エンドソーム膜上で Hrs-STAM 複合体，ESCRT-I, -II, -III によって選別され，MVB の内部小胞に取り込まれる．このプロセスにおいて，Hrs-STAM 複合体と ESCRT-III はともに脱ユビキチン化酵素 UBPY, AMSH と相互作用する．

7.8 脱ユビキチン化による受容体ダウンレギュレーションの調節

　STAMタンパク質(7.7節参照)は，SH3ドメインというタンパク質-タンパク質相互作用ドメインを有し，この領域には2種類の脱ユビキチン化酵素UBPYとAMSHが結合する(図7.4参照)[16〜18]．UBPYとAMSHは，ともにSH3結合モチーフという共通のモチーフを介してSTAMに結合するが，触媒ドメインは全く異なっている．UBPYはシステインプロテアーゼであるのに対し，AMSHはメタロプロテアーゼである．

　筆者らは，UBPYを過剰発現させた細胞においてEGFで刺激したときのEGF受容体のユビキチン化レベルが低下し，それに伴ってEGF受容体のダウンレギュレーションが遅延すること，逆にRNA干渉を用いてUBPYの機能を阻害した細胞では，EGF受容体のユビキチン化レベルの上昇とダウンレギュレーションの促進が起きることを見いだしている[19]．また，精製したUBPYとユビキチン化されたEGF受容体を試験管内でインキュベートすると，EGF受容体の脱ユビキチン化が観察される[19]．AMSHについても，その機能阻害が，EGF刺激時のEGF受容体のユビキチン化レベルの上昇[20]やダウンレギュレーションの促進[21]を引き起こすことが示されている．これらの結果は，いずれの脱ユビキチン化酵素も活性化されたEGF受容体を脱ユビキチン化し，"リソソームへの選別輸送シグナル"を外すことにより，そのダウンレギュレーションを負に調節していることを示唆している(図7.5)．すなわち増殖因子受容体のダウンレギュレーションの速度は，ユビキチン化とそれに拮抗する脱ユビキチン化のバランスによって調節されているということである．

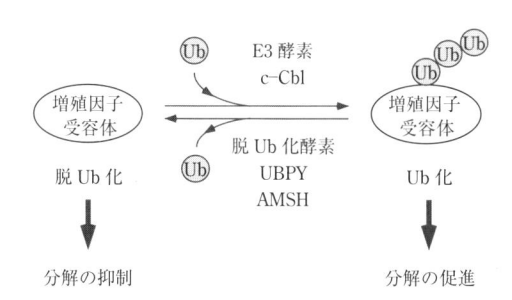

図 7.5　ユビキチン化/脱ユビキチン化による増殖因子受容体の分解調節．E3 酵素 c-Cbl によるユビキチン化は，増殖因子受容体のリソソームでの分解を促進し，それに拮抗する UBPY, AMSH による脱ユビキチン化は分解を抑制する．Ub：ユビキチン．

7.9 おわりに

7.2節で述べたように，増殖因子受容体の過剰発現はさまざまながんの発症の原因となっている．このようながんにおいて，受容体の発現を正常レベルに下げることができれば，そのがんを治療することが可能となるはずである．そのような方法の1つとして，受容体のダウンレギュレーションを促進することがあげられる．そのためには，ダウンレギュレーションの正の調節因子を活性化するか，あるいは負の調節因子の活性を阻害すればよい．活性化剤よりも阻害剤の開発のほうが一般的に容易であることを考えると，負の調節因子を阻害するほうがしやすそうである．これまでに解明された受容体ダウンレギュレーションの分子機構の中で，そのような負の調節因子としての機能が明らかにされているのは，最後に述べた脱ユビキチン化酵素UBPYとAMSHである．したがって，がん細胞においてこれらの酵素の活性を阻害してやれば，過剰発現した増殖因子受容体のレベルを下げることが期待できる．すなわちUBPYやAMSHの阻害剤を開発すれば，それらを制がん剤に応用できる可能性があるということである．

UBPYの場合には，増殖因子受容体以外にも基質タンパク質が数多く存在するらしいことが示唆されている[22,23]．したがって，脱ユビキチン化酵素阻害剤が他のタンパク質の脱ユビキチン化を阻害することによる副作用の可能性も予想される．また，受容体の発現レベルを下げることによってがん細胞の増殖を抑えることはできても，そのがん細胞を殺すまでには至らないかもしれない．しかし，殺細胞性の制がん剤との併用なども可能であり，制がんへの応用をみすえたUBPYとAMSHのさらなる基礎研究は意義深いものであると，筆者は考えている．

引用文献

1) J. Schlessinger, *Cell*, **103**, 211 (2000)
2) Y. Mosesson, Y. Yarden, *Semin. Cancer Biol.*, **14**, 262 (2004)
3) P. Wheatley-Price, F.A. Shepherd, *Curr. Opin. Oncol.*, **20**, 162 (2008)
4) C.A. Hudis, *N. Engl. J. Med.*, **357**, 39 (2007)
5) D.J. Katzmann, G. Odorizzi, S.D. Emr, *Nat. Rev. Mol. Cell Biol.*, **3**, 893 (2002)
6) J. Gruenberg, H. Stenmark, *Nat. Rev. Mol. Cell Biol.*, **5**, 317 (2004)
7) 駒田雅之, 現代医療, **36**, 879 (2004)
8) S. Saksena, J. Sun, T. Chu, S.D. Emr, *Trends Biochem. Sci.*, **32**, 561 (2007)
9) C.M. Pickart, R.E. Cohen, *Nat. Rev. Mol. Cell Biol.*, **5**, 177 (2004)
10) K. Haglund, I. Dikic, *EMBO J.*, **24**, 3353 (2005)
11) M.H. Glickman, A. Ciechanover, *Physiol. Rev.*, **82**, 373 (2002)
12) A.Y. Amerik, M. Hochstrasser, *Biochim. Biophys. Acta*, **1695**, 189 (2004)

13) S.M.B. Nijman, M.P.A. Luna-Vargas, A. Velds, T.R. Brummelkamp, A.M.G. Dirac, T.K. Sixma, R.A. Bernards, *Cell*, **123**, 773 (2005)
14) C.B. Thien, W.Y. Langdon, *Nat. Rev. Mol. Cell Biol.*, **2**, 294 (2001)
15) G. Levkowitz, H. Waterman, E. Zamir, Z. Kam, S. Oved, W.Y. Langdon, L. Beguinot, B. Geiger, Y. Yarden, *Genes Dev.*, **12**, 3663 (1998)
16) M.J. Clague, S. Urbe, *Trends Cell Biol.*, **16**, 551 (2006)
17) 駒田雅之, 水野英美, 細胞工学, **25**, 1258 (2006)
18) M. Komada, *Curr. Drug Discov. Technol.*, **5**, 78 (2008)
19) E. Mizuno, T. Iura, A. Mukai, T. Yoshimori, N. Kitamura, M. Komada, *Mol. Biol. Cell*, **16**, 5163 (2005)
20) M. Kyuuma, K. Kikuchi, K. Kojima, Y. Sugawara, M. Sato, N. Mano, J. Goto, T. Takeshita, A. Yamamoto, K. Sugamura, N. Tanaka, *Cell Struct. Funct.*, **31**, 159 (2006)
21) J. McCullough, M.J. Clague, S. Urbe, *J. Cell Biol.*, **166**, 487 (2004)
22) E. Mizuno, K. Kobayashi, A. Yamamoto, N. Kitamura, M. Komada, *Traffic*, **7**, 1017 (2006)
23) P.E. Row, I.A. Prior, J. McCullough, M.J. Clague, S. Urbe, *J. Biol. Chem.*, **281**, 12618 (2006)

8 胚性幹(ES)細胞のバイオロジーとその応用と期待

8.1 はじめに

受精卵という1つの細胞が分裂を繰り返していくうちに,我々の"からだ(個体)"は形成されていく.つまり,さまざまな機能を獲得した細胞種になっていく.このような変化を分化という.受精卵は個体になる細胞だけに分化するのではなく,個体形成のために裏方役を担う組織・細胞にもなる.受精卵は個体形成にかかわるすべての細胞になる能力をもつ1細胞であり,すなわち,全能性(totipotent)の細胞である.受精卵は卵割という細胞分裂を繰り返し,桑実胚,胚盤胞へと発生が進む(図8.1).胚盤胞は内部細胞塊(inner cell mass,ICM)と栄養外胚葉(trophectoderm)という2つの細胞集団から構成される(図8.1b).栄養外胚葉は胚盤胞の着床後に胎盤を形成する.内部細胞塊は,将来個体となるものとその個体形成を補助する羊膜などになる.内部細胞塊の細胞は全能性をもつと思われがちであるが,胎盤形成にかかわらず,自力で個体を形成することはできないので全能性とはいえない.しかし,内部細胞塊の細胞は,個体を形成する三胚葉(内胚葉,中胚葉,外胚葉)に分化できるとくに高度な多能性(multipotent)をもち,ここでは多能性と全能性と区別して万能性(pluripotent)とよぶことにする(図8.2a②).

8.2 胚性幹細胞のバイオロジー

8.2.1 幹細胞

我々の個体を構成している細胞は,未成熟な細胞と成熟した細胞に分けられる.正常な成熟細胞は一般的に,もはや増殖能力をもたない.未熟な細胞は増殖能力を有しており,幹細胞と前駆細胞に分類される.幹細胞とは,分化せずにその細胞自身が増殖(自己増殖)でき,かつ複数の細胞種に分化できる能力を有する細胞である(図8.2a).前駆細胞とは,幹細胞からある成熟細胞への分化方向に決定されて増殖能力を有している細胞である.植

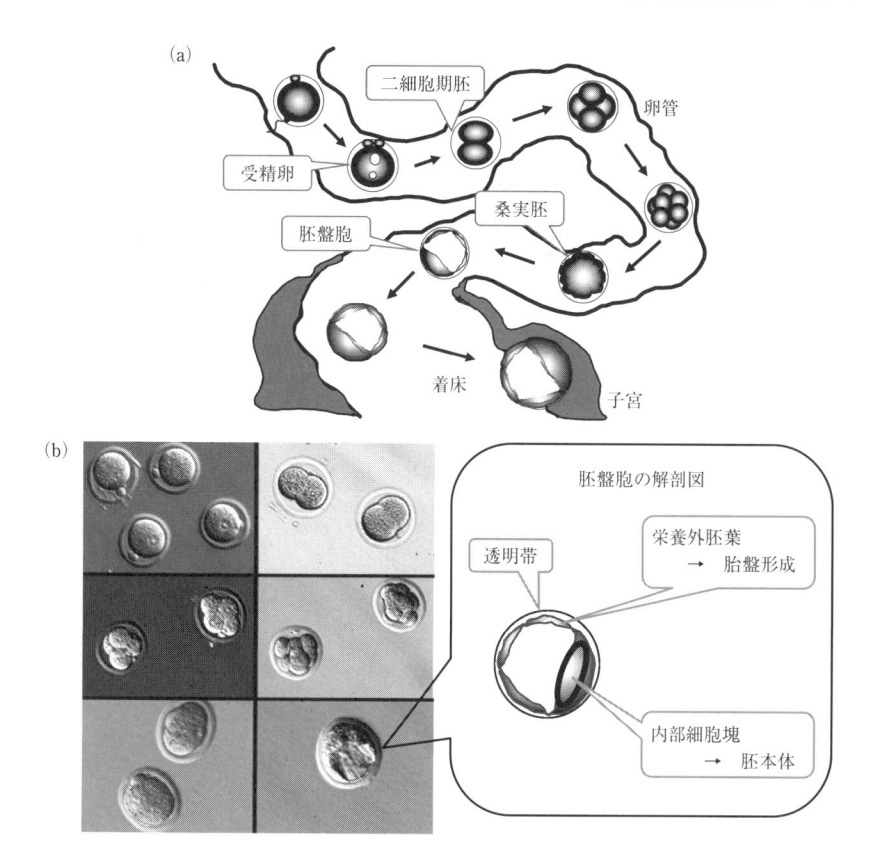

図 8.1 初期発生．(a)受精卵から胚盤胞着床まで．(b)マウス初期胚の写真と胚盤胞の解剖図．

物の生物学からするとまちがった表現であるが，木の幹(幹細胞)が成長(自己増殖)しながら枝(前駆細胞)になり，その枝が伸び(増殖し)て，最終的に実や葉(成熟細胞)ができる(分化していく)というイメージである(図 8.2b)．

全能性とは，個体を直接形成する細胞だけでなくその形成を補助するすべての細胞へも分化できるもので，受精卵や二細胞期胚などの割球のみ知られる．骨髄幹細胞や神経幹細胞といった体性幹細胞は，ある細胞系譜の中で分化可能であるので，多能性である．胚盤胞の内部細胞塊の細胞は，8.1 節で述べたように，三胚葉に分化可能であるので万能性である．

万能性を有する細胞種は，内部細胞塊の細胞以外にあるだろうか．奇形腫(テラトーマ)はごくまれに人間においても発生する腫瘍であるが，この腫瘍はさまざまな組織(心筋, 骨, 脂肪, 毛髪など)が無秩序に形成されている．つまり，テラトーマのもとの細胞は万能性に近い能力を有していたと思われる．マウスでは，悪性テラトーマ(テラトカルシノーマ)

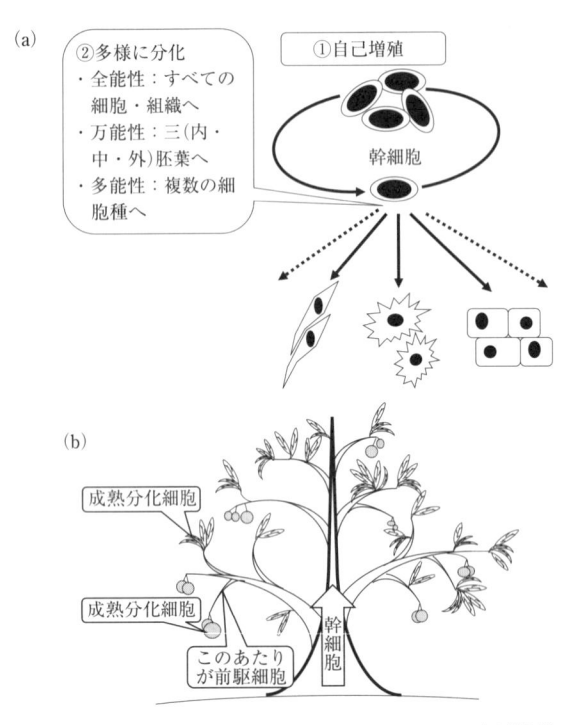

図8.2 幹細胞の定義．(a)幹細胞の2つの定義と分化能力の3つのレベル．(b)幹細胞，前駆細胞，成熟分化細胞の例．

からEC(embryonal carcinoma)細胞とよばれる *in vitro* 増殖性の細胞株が樹立された[1]．EC細胞と初期胚の集合培養により，キメラマウスが誕生した．このキメラマウスでは，そのEC細胞が生殖細胞には分化できないというのが現在の結論であるが，EC細胞は万能性に近い能力をもつといわれている．

近年，胚盤胞の内部細胞塊から胚性幹(embryonic stem, ES)細胞とよばれる *in vitro* 増殖性の細胞株が樹立された．このES細胞は次項で解説するように，万能性を有している．

8.2.2 胚性幹細胞の樹立と培養

ES細胞は，M. Evansらにより1981年にマウスの遅延胚盤胞の内部細胞塊から樹立された[2,3]．透明帯を除去した胚盤胞を，マウス胚初代培養線維芽細胞(フィーダー)上に接着させて培養を続けると，胚盤胞の内部細胞塊が増殖を始める．その増殖した内部細胞塊を，トリプシンなどのプロテアーゼにより単一細胞にして，再びフィーダー上で培養をすると，いくつかのコロニーが出現してくる．このコロニーの細胞は，増殖を続けて継代培養可能となった．この細胞がES細胞である．

図 8.3 の上半分(フロー図):

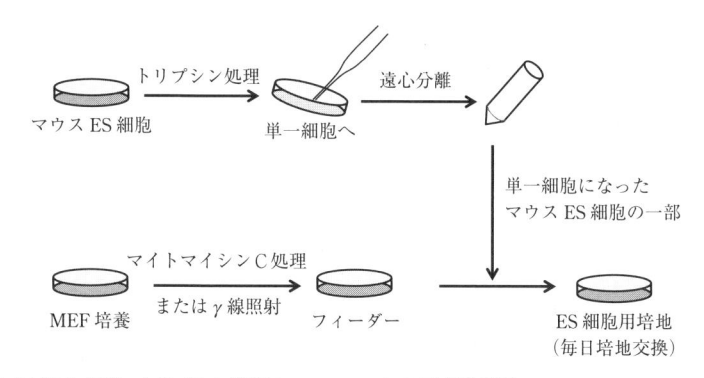

マウス ES 細胞 →(トリプシン処理)→ 単一細胞へ →(遠心分離)→ 単一細胞になったマウス ES 細胞の一部 → ES 細胞用培地(毎日培地交換)

MEF 培養 →(マイトマイシン C 処理 または γ 線照射)→ フィーダー → ES 細胞用培地

・トリプシン溶液:トリプシン溶液に 1％ニワトリ血清と 1 mM EDTA 含有
・MEF:マウス胎仔線維芽細胞

・マウス ES 細胞培地
 15～20％ウシ胎仔血清(ES 細胞に適したロット)
 100 U mL^{-1} LIF
 0.1 mM　非必須アミノ酸
 1 mM　　ピルビン酸ナトリウム
 0.1 mM　2-メルカプトエタノール
 DMEM(高グルコース)中

図 8.3　マウス ES 細胞の培養方法.

　マウス ES 細胞が樹立できた基盤には,マウス初期胚の培養技術が確立されていたこと,万能性に近い能力を有したマウス EC 細胞がすでに培養されていたこと,キメラマウス作製方法が確立されていたこと,未分化細胞の同定基準が明確になっていたこと,さらに,マウスにおける分化抑制因子などの存在やマウス胎仔線維芽細胞の共培養方法などが知られていたことなどがある.また,その他の動物種の ES 細胞の樹立も試みられた.マウス ES 細胞が樹立されたのち,長い間成功しなかったが,1997 年のサル(マーモセット)ES 細胞の樹立まで待つこととなった[4].1998 年には,ヒト余剰胚からヒト ES 細胞も樹立された[5].

　図 8.3 にマウス ES 細胞の培養方法を示す.マイトマイシン C 処理または γ 線照射されたマウス胎仔線維芽細胞のフィーダー上で培養される.マウス ES 細胞のコロニーどうしが接触すると分化が誘導されるので,接触前に継代する.マウス ES 細胞の分化を抑制する因子として,白血病抑制因子(leukemia inhibitory factor,LIF)が知られており,フィーダー細胞と LIF 含有培地が,マウス ES 細胞を培養するためには必要不可欠である.

　霊長類 ES 細胞の培養では,マウス ES 細胞の場合と 2 つの点で大きく異なるのが特徴的である.1 つは,LIF を添加してもヒト ES 細胞の未分化維持に効果がなく,bFGF(basic fibroblast growth factor,塩基性繊維芽細胞増殖因子)にその効果があることが知られている.もう 1 つは,マウス ES 細胞は単一細胞にして継代を行うが,霊長類 ES 細胞は単一細胞にしてしまうと細胞死を起こしてしまうので,適度に弱くトリプシン処理をするか,

コロニーをいくつかに機械的に分ける必要がある．最近，Rho結合キナーゼ(ROCK)阻害剤を添加することにより，霊長類ES細胞を単一細胞にしても細胞死を引き起こさず，分化誘導もされずに培養できることがわかった[6]．なお，マウスES細胞に比べて霊長類ES細胞の増殖は遅い．

ヒトES細胞も，マウス胎仔線維芽細胞をフィーダーとして，そのフィーダー上で樹立され培養されている．しかし，おもに2つの理由から，マウス胎仔線維芽細胞ではなくて人工的なバイオマテリアルの開発が望まれている．1つは，マウス胎仔線維芽細胞はマウス胎仔(胎齢12〜15日)から調製された初代培養細胞であるため，安定していないということである．再現性あるデータを得るためには，均一のフィーダー素材が必要である．2つ目は，ヒトへの医療的応用を考えるうえで，脱動物由来成分が必要ということである．一般的に，動物由来成分を用いて培養した細胞を移植することは，ヒト細胞の移植であっても異種移植となる．培地においても，ウシの胎仔血清などを用いない無血清培地が望ましい．ヒト包皮の初代培養細胞をフィーダーとして用いて，ヒトES細胞が未分化を維持して培養されるとの報告もある．しかし，できればこのようなヒト細胞も用いず，合成バイオマテリアルが望まれる．

8.2.3 ES細胞の特徴

A. 形態的特徴

霊長類のES細胞は，マウスES細胞と形態的にも全く異なっており，図8.4に示すように，マウスES細胞のコロニーは盛り上がって細胞どうしの境界が不明確なのに対し，霊長類ES細胞はコロニーが平坦で細胞どうしの境界が確認できる．一般的な細胞株の培養は，決まった培養方法により増殖して特徴的な形態が維持できていれば問題ないと考えられている．しかし，マウスES細胞を入手して培養し，外見的に盛り上がった形態のコロニーだからといって，マウスES細胞として維持されているかどうかはわからない．その特徴的な形態を維持することは容易であるため，ES細胞を維持できていると思い込

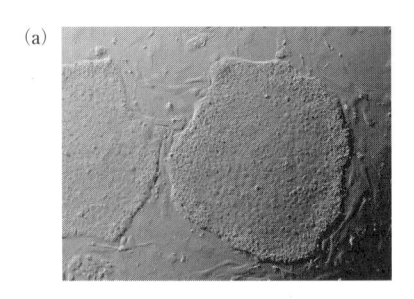

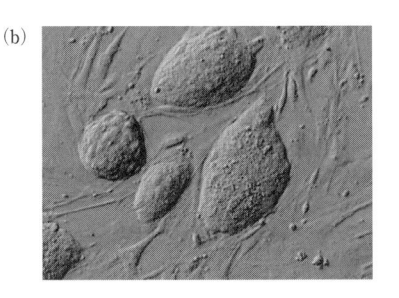

図8.4 カニクイザルES細胞(a)とマウスES細胞(b)の写真．

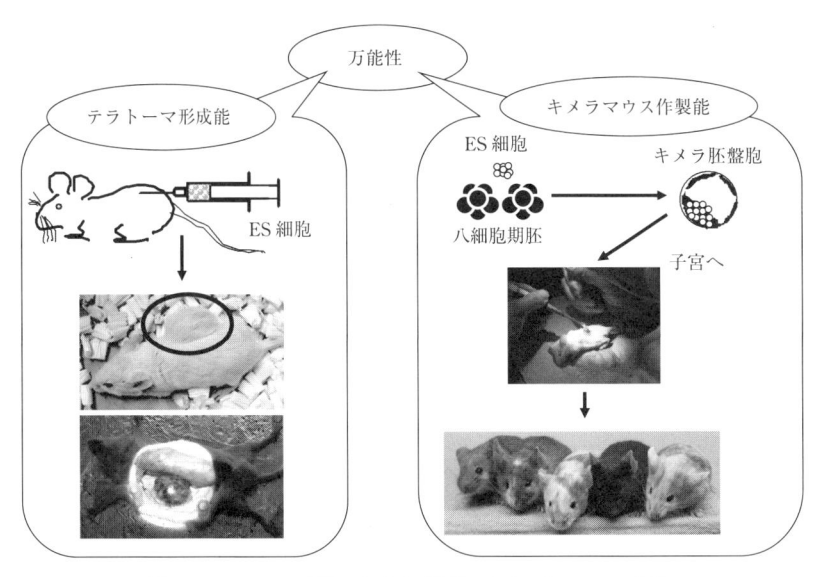

図 8.5 マウス ES 細胞における万能性であることの 2 つの条件.

でいる場合もある．マウス ES 細胞を未分化な状態で培養することは今でも簡単ではなく，筆者の経験によると，形態的に未分化を容易に維持しているようなクローンは，逆に分化する能力を欠いている可能性もある．ES 細胞は未分化のまま培養する必要があるが，簡単に分化できる能力をもっていることも ES 細胞の特徴である．マウス ES 細胞の分化万能性は，次項の 2 つの実験による現象により証明されている（図 8.5）．筆者はこの 2 つの現象がともに確認できなければ，マウス ES 細胞を培養できているとはいえないと考えている．

B. キメラマウス作出

マウス ES 細胞をレシピエント胚（八細胞期胚や胚盤胞）とあわせて[7]，マウス胚盤胞の胚盤腔へ注入したときにキメラな胚盤胞となる．この胚盤胞を偽妊娠マウスの子宮に移植すると，ES 細胞由来とレシピエント胚由来の混在したキメラマウスが誕生する．しかも，ES 細胞はそのキメラマウスの生殖細胞へも寄与する能力をもつ[8]．

C. テラトーマ形成

マウス ES 細胞を免疫不全（SCID）マウスに移植すると，良性奇形腫（テラトーマ）が形成される（図 8.5 参照）．この奇形腫は，悪性ではなく良性であることである．カニクイザル ES 細胞を免疫不全マウスに移植したところ，テラトーマが形成しさまざまな組織形成がみられたが，サルの体毛もマウスの腹の中で形成された（図 8.6）．

ヒトの ES 細胞が樹立されたことにより，ヒト ES 細胞を利用する再生医療への期待が

サルの ES 細胞を移植すると？

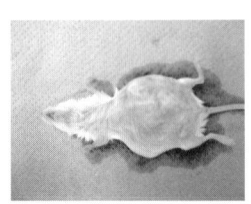

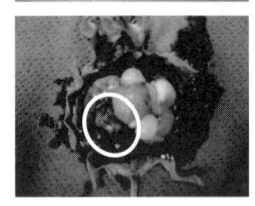

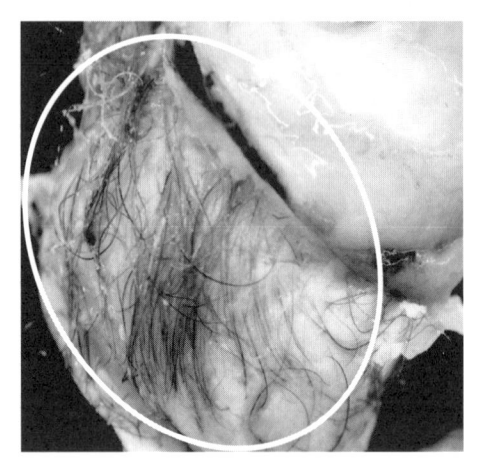

図 8.6 カニクイザル ES 細胞由来テラトーマ．カニクイザル ES 細胞を SCID マウスの腹腔内に移植して形成されたテラトーマ．さまざまな組織が確認されるが，なかにはサルの体毛まで発生したことが確認できる．

現実味を帯びてきた．ヒト ES 細胞では，キメラ作出は非現実的で不可能であるため，万能性をテラトーマ形成のみにゆだねざるをえない．

D. マーカー

いくつかの特異的な酵素，遺伝子発現，細胞表面マーカーも報告されている．マウス ES 細胞ではアルカリホスファターゼ活性，転写因子 Oct-3/4 陽性，表面マーカー SSEA-1 陽性などである．霊長類 ES 細胞では，アルカリホスファターゼ活性や Oct-3/4 陽性はマウス ES 細胞と同じである．一方細胞表面マーカーは，マウス ES 細胞では陽性であった SSEA-1 は陰性であるが，SSEA-4 は陽性である．ES 細胞の培養では，常にこのような未分化マーカーやテラトーマ形成能力の確認が必要である．

現在ではさまざまな ES 細胞特異的マーカーの発現などのプロファイル化も進んできたので，自分の培養している霊長類 ES 細胞が未分化を維持しているかどうかを，これらのマーカーにより簡単にモニターすることもできるようになってきた．しかし，ヒト ES 細胞はマウス ES 細胞と異なり厳密な定義がない．どのヒト ES 細胞株を使用しているかにより，その分化的挙動などが異なった報告が多いのも事実である．

8.3 ES 細胞の応用

8.3.1 発生工学

　発生工学とは，"からだ"全身の細胞の染色体に外来遺伝子が組み込まれた"トランスジェニック動物"と，全身の細胞の染色体中の特定の遺伝子を操作して破壊してしまった"遺伝子ノックアウト動物"の作製技術，またはそれらの技術を利用する研究のことである．

　ES 細胞の染色体上の特定の遺伝子を，相同遺伝子組換え法により欠損させた ES 細胞クローンを得る．その相同遺伝子組換え ES 細胞を用いてキメラマウスを作製すると，その ES 細胞の遺伝形質をもった次世代のマウス（遺伝子ノックアウトマウス）が誕生する．遺伝子ノックアウトマウスの作製は，特定の遺伝子産物が個体レベルでどのような役割をもっているのかを明確に示すことができた[9]．

　トランスジェニックマウスの作出には，顕微鏡下で受精卵の前核に DNA を微量注入する方法[10]が一般的であるが，マウス ES 細胞に遺伝子を導入してキメラマウスを経由する方法もある．ほかにも，遺伝子を導入したマウス初代培養細胞の核をマウス未受精卵の核と核置換する，いわゆるクローンマウスを作製する方法もある．

8.3.2 発生・分化の解明

　ES 細胞は初期胚である胚盤胞の内部細胞塊由来であり，内部細胞塊の細胞が有する分化能力を失っていない．そこで，さまざまな組織や細胞種への分化誘導が試みられている．その多くは，薬剤や増殖因子などを添加して分化誘導する手法である．しかし，"からだ"を形成している組織は，胚盤胞の内部細胞塊から突然に分化したものではない．つまり，成熟した適切な機能を有した組織や細胞に分化するまでには，時空間的なプロセスを通過している．ES 細胞の分化誘導の研究は，発生生物学に対応していることが重要である（図8.7，8.8）．また，逆にこれまでの発生生物学ではわからなかった発生の謎に対して，ES 細胞を用いれば解明できる可能性もある．

8.3.3 再生医療への期待

　ES 細胞はあらゆる組織・臓器の細胞になりうる能力をもつことから，ヒト ES 細胞が将来的に再生医療へ応用されると期待されている．これまでに，ES 細胞から肝臓，神経，心筋などへの分化について，多くの報告がある．移植医療に関しては，ヒト ES 細胞が登場しても他人の細胞の移植であることは変わらなかった．しかし，最近になって，ES 細胞に形態的にも分化能力的にもきわめて似ているとされる iPS 細胞（induced pluripotent

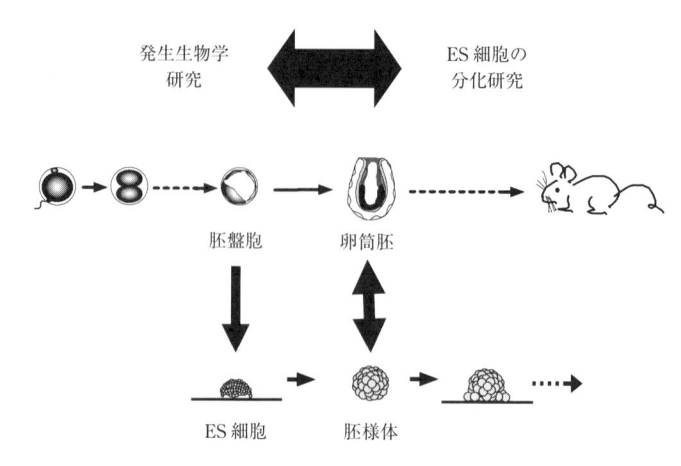

図 8.7　ES 細胞の分化誘導研究と発生生物学との対応.

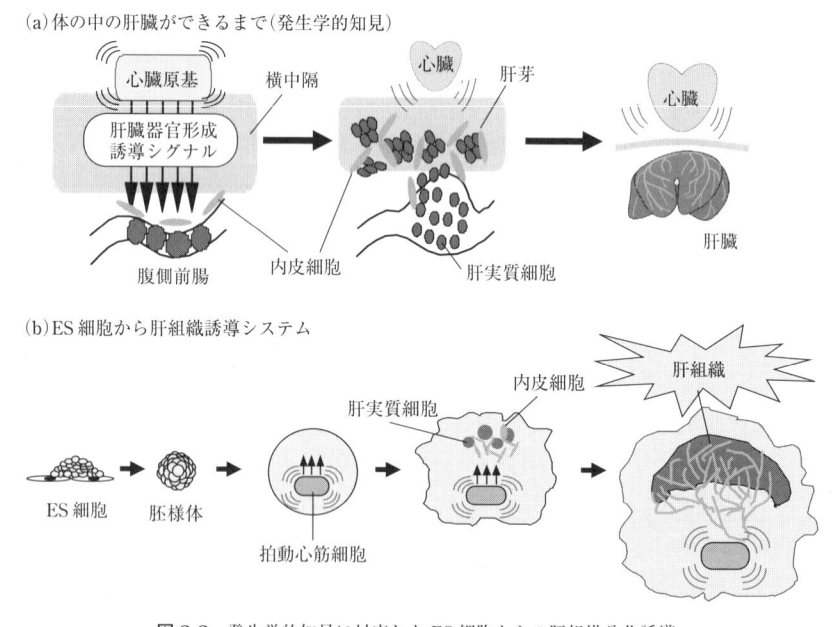

図 8.8　発生学的知見に対応した ES 細胞からの肝組織分化誘導.

stem cell, 人工多能性幹細胞)が作出された[11]. 患者の体細胞から iPS 細胞が作出されれば, 自家移植も可能となる. iPS 細胞の大きな利点は, ヒトの体細胞から樹立されている点であり, ヒト ES 細胞の樹立で問題となっているこの世に生まれる可能性のあるヒト余剰胚を利用しないことである. 移植拒絶の問題は, iPS 細胞が解決してくれる可能性がある.

しかし，テラトーマ形成能力を有する未分化な ES 細胞を完全に除去できるかどうか，分化した細胞が安全であるかどうか，自家移植とならないことをどのようにするかどうかなど，これらの問題の解決には時間が必要である．

そこで，移植医療への応用の前に，ES 細胞の分化システムを利用して外部循環型のハイブリッド臓器への応用が期待される．これまでは，家畜の細胞やヒトのがん細胞株などの利用による検討がされてきたが，無限に増殖するヒト ES 細胞を用いれば，ヒトの正常組織として高機能で安定な装置が期待できる．

8.3.4 動物実験代替システム

再生医療への応用よりも前に，薬物代謝や毒性試験などへの応用が期待できると，筆者は考えている．ES 細胞はあらゆる細胞種へ分化する能力を有しているので，適当な条件下において，発生毒性試験などに有効であることが期待される．現在，さまざまな遺伝子発現プロファイルが公開され，遺伝子チップなどを利用すれば簡便に検定できるようになると思われる．また，ヒト ES 細胞からヒト組織への分化誘導が確立されれば，薬物代謝試験だけでなく，ヒトウイルスの感染・増殖システムが確立され，抗ウイルス剤などの開発へ利用可能となると思われる．

具体的な例として，マウス ES 細胞から肝組織への分化誘導について説明する．ES 細胞から肝組織を再構築するには，肝臓の器官形成の既存の知識を知っておくことが重要である（図 8.8a）．個体が発生するときの肝臓の器官形成は，まず初めに心臓の原基が出現し，前腸に肝臓になれという指令を伝えることから開始される．内皮前駆細胞と肝芽細胞が出現し，肝芽を形成する．この少なくとも 2 つの細胞種が相互作用しながら類洞をもつ肝臓組織を構築することが知られている．

そこで筆者らは，肝芽の出現を助ける心筋細胞をまず ES 細胞から出現させ，その後，内皮細胞と肝細胞がコミュニケーションをしながら増殖する分化誘導システムを確立した（図 8.8b）．分化誘導は，ES 細胞から球状の胚様体を作製し，皿に接着させる方法を用いた．胚様体は三胚葉に対応する細胞種へ分化することが知られており，心筋細胞や内皮細胞は中胚葉，肝細胞は内胚葉から分化する．接着した胚様体の一部から拍動する心筋組織を出現すると，その周囲に肝実質細胞のコロニーが確認でき，そのコロニーの中に内皮細胞が入り込む様子が観察できた．その状態は，肝器官形成における肝芽とよく似ている．さらに培養を続けると，内皮細胞は増殖を続けネットワーク構造を張りめぐらし，それとともに肝細胞も増殖をした．このように，肝組織様構造を ES 細胞から構築するシステムを確立した[12]．この ES 細胞由来肝組織では，肝臓で発現すべきさまざまな遺伝子群の mRNA やアルブミンタンパク質などが確認され，さらに，尿素合成やシトクロム P-450 アイソザイム群による薬物代謝能力を有することも確認できた[13]．

このように，マウス ES 細胞そのものやマウス ES 細胞由来組織であれば毒性試験などの動物実験の代替システムへ，ヒト ES 細胞の場合は臨床試験のプレ実験や動物実験の縮小へと期待されている．

8.4 おわりに

ES 細胞を用いる再生医学的研究は，現在非常に一般的になっている．日本ではヒト ES 細胞の樹立と使用に関して，文部科学省指針により厳しく審査を受けることとなっている．まだ始まったばかりの歴史の浅い領域であり，その指針も常に議論されており，変更になっている箇所もある．ただし，生命の尊厳性は不変であり，このような発生工学や再生医学研究に携わる者は，常に生命倫理などを考えて議論せねばならない．

引用文献

1) T.A. Stewart, B. Mintz, *Proc. Natl. Acad. Sci. USA*, **78**, 6314 (1981)
2) M.J. Evans, M.H. Kaufman, *Nature*, **292**, 154 (1981)
3) G.R. Martin, *Proc. Natl. Acad. Sci. USA*, **78**, 7634 (1981)
4) J.A. Thomson, J. Kalishman, T.G. Golos, M. Durning, C.P. Harris, J.P. Hearn, *Biol. Reprod.*, **55**, 254 (1996)
5) J.A. Thomson, J. Itskovitz-Eldor, S.S. Shapiro, M.A. Waknitz, J.J. Swiergiel, V.S. Marshall, J.M. Jones, *Science*, **282**, 1145 (1998)
6) K. Watanabe, M. Ueno, D. Kamiya, A. Nishiyama, M. Matsumura, T. Wataya, J.B. Takahashi, S. Nishikawa, S. Nishikawa, K. Muguruma, Y. Sasai, *Nat. Biotechnol.*, **25**, 681 (2007)
7) 田川陽一，浅野雅秀，岩倉洋一郎，分子医科学実験プロトコール（東京大学医科学研究所編），p. 238, 秀潤社 (1995)
8) A. Bradley, M. Evans, M.H. Kaufman, E. Robertson, *Nature*, **309**, 255 (1984)
9) K.R. Thomas, M.R. Capecchi, *Cell*, **51**, 503 (1987)
10) R.D. Palmiter, R.L. Brinster, R.E. Hammer, M.E. Trumbauer, M.G. Rosenfeld, N.C. Birnberg, R.M. Evans, *Nature*, **300**, 611 (1982)
11) K. Takahashi, S. Yamanaka, *Cell*, **126**, 663 (2006)
12) S. Ogawa, Y. Tagawa, A. Kamiyoshi, A. Suzuki, J. Nakayama, Y. Hashikura, S. Miyagawa, *Stem Cells*, **23**, 903 (2005)
13) M. Tsutsui, S. Ogawa, Y. Inada, E. Tomioka, A. Kamiyoshi, S. Tanaka, T. Kishida, M. Nishiyama, M. Murakami, J. Kuroda, Y. Hashikura, S. Miyagawa, F. Satoh, N. Shibata, Y. Tagawa, *Drug Metab. Dispos.*, **34**, 696 (2006)

9 生体内におけるビオプテリンの働きと疾患とのかかわり

9.1 はじめに

テトラヒドロビオプテリン(tetrahydrobiopterin, BH4)は，カテコールアミンの生合成を律速段階として触媒するチロシン水酸化酵素(tyrosine hydroxylase, TH)，セロトニン生合成を触媒するトリプトファン水酸化酵素(tryptophan hydroxylase, TPH)，フェニルアラニン代謝に働くフェニルアラニン水酸化酵素(phenylalanine hydroxylase, PAH)などの，芳香族アミノ酸水酸化酵素に共通な補酵素である(図9.1)．細胞内に適切な量のBH4を維持することは，生体にとってドーパミンやノルアドレナリン，セロトニンなどのモノアミン神経伝達物質の生合成を行ううえで，また，食事から摂取されるフェニルアラニンを代謝するために重要である．また，BH4は一酸化窒素合成酵素(nitricoxide synthase, NOS)の補酵素としても働いており，一酸化窒素(NO)の作用を通じて，血管拡張や免疫機能の調節に至るさまざまな生理機能にかかわっている．

9.2 生体内におけるBH4の代謝

ビオプテリンが細胞内で補酵素としての生理活性を示すには還元型(テトラヒドロ型)でなければならず，細胞内では通常ほとんどが還元型の状態で存在する．ここでは，細胞内におけるBH4の合成および代謝経路について説明する．

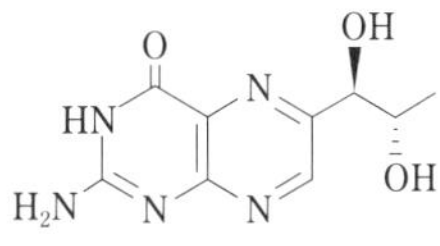

図9.1 ビオプテリンの化学構造．

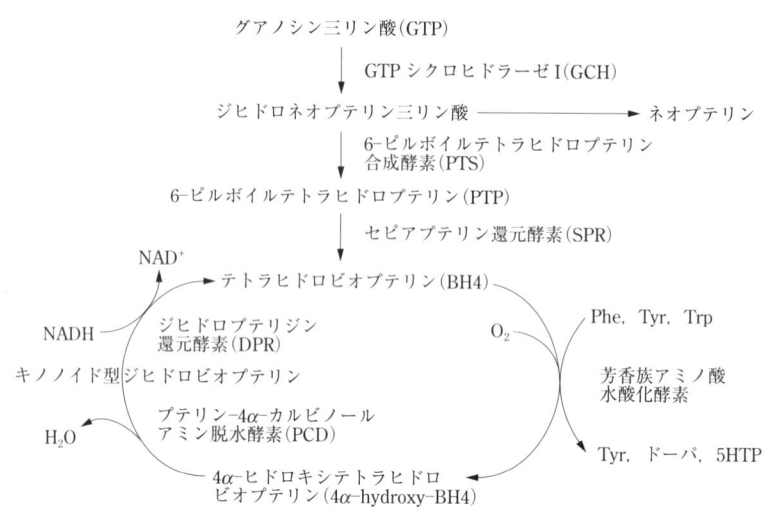

図9.2 テトラヒドロビオプテリンの代謝経路.

9.2.1 BH4の新規合成経路

哺乳動物は，核酸の1つであるグアノシン5'-三リン酸(GTP)からBH4を生合成することができる(図9.2)．このBH4の*de novo*合成経路では，まず律速段階でGTPシクロヒドロラーゼI(GTP cyclohydrolase I，GCH)によりGTPからジヒドロネオプテリン三リン酸が作られる．BH4生合成の律速酵素であるGCHの発現量は，さまざまなホルモン・サイトカインによって制御されており，細胞内のBH4量の調節にとって重要である．合成経路の第2段階では6-ピルボイルテトラヒドロプテリン合成酵素(PTS)により6-ピルボイルテトラヒドロプテリン(PTP)が作られる．PTPは，セピアプテリン還元酵素(SPR)によって側鎖の2つのカルボニル基が還元されてBH4となる．

9.2.2 BH4の再還元経路

BH4はチロシン水酸化酵素などによるモノオキシゲナーゼ反応によって酸化されるが，2つの酵素反応によりBH4へと再還元される経路が知られている(図9.2)．水酸化反応に伴い分子状酸素と反応したBH4は，4α-ヒドロキシテトラヒドロビオプテリン(4α-hydroxy-BH4)となり，プテリン-4α-カルビノールアミン脱水酵素(PCD)によってキノノイド(キノイド)型ジヒドロビオプテリンに変換される．さらにこれを，ジヒドロプテリジン還元酵素(DPR)がNADHの還元力を用いてBH4へと再還元する．再還元されたBH4は再び芳香族アミノ酸水酸化酵素の補酵素として働く．

9.3 生体内での BH4 の役割

9.3.1 芳香族アミノ酸水酸化酵素の補酵素としての役割

BH4 が補酵素として働いている PAH, TH, TPH の 3 つの芳香族アミノ酸水酸化酵素は, それぞれ生体内で重要な働きを営んでいる.

PAH は, 肝臓でフェニルアラニンをチロシンに変換する反応を担っている. この反応はフェニルアラニン代謝の主要経路であり, この反応が障害されると食事から摂取したフェニルアラニンが体内に蓄積されるため, 高フェニルアラニン血症となる(9.4.1 項参照).

ドーパミン, ノルアドレナリン, アドレナリンの 3 つの化合物を総称して, カテコールアミンとよぶ. カテコールアミンは, 中枢神経系ではドーパミン作動性ニューロンやノルアドレナリン作動性ニューロンなどで, 末梢神経系では交感神経終末や副腎髄質のクロム親和性細胞で, 神経伝達物質やホルモンとして使われている. TH はカテコールアミンの生合成量を調節する律速酵素であり, カテコールアミンの働きの調節に重要な働きをしている.

TPH は, トリプトファンから 5-ヒドロキシトリプトファンを生成させる反応を触媒する. 5-ヒドロキシトリプトファンは, 脱炭酸されてセロトニンとなる. セロトニンは消化管ホルモンや神経伝達物質として働く. セロトニンはさらに代謝されて, 日周リズムを司るホルモンとして知られるメラトニンにも変換される.

9.3.2 NOS の補酵素としての役割

NOS は L-アルギニンから L-シトルリンと NO を生合成する酵素であり, 反応にフラビン, Fe^{2+}, BH4 を必要とする. NO は血管平滑筋の弛緩, 神経の可塑性, 血小板凝集, 好中球の活性化, アポトーシスなど, 多彩な生理作用を営んでいる. NOS には 3 つのアイソフォーム, すなわち神経型 NOS(nNOS), 血管内皮型 NOS(eNOS), 誘導型 NOS(iNOS) が存在する. iNOS において BH4 がそのダイマー形成と安定化に作用することも報告されている[1]. また BH4 が欠乏した状態では, NOS は NO を合成する代わりにスーパーオキシドアニオンを産生することが *in vitro* の実験系で知られており, BH4 量の低下は血管内皮機能不全の一因と考えられている.

9.3.3 BH4 とアポトーシス

過剰量の BH4 が細胞外に存在するとき, 培養細胞でアポトーシスを誘導することが知

られている.この現象において,BH4がどのような機構で細胞死を起こすのかは現在明らかではないが,過剰量の細胞外BH4の存在は細胞に損傷を与える可能性がある[2].一方,無血清培地中での細胞の生存が神経栄養因子の添加により延長され,BH4生合成阻害によりこの延長が阻害されることから,栄養因子による細胞の生存維持にはプテリジンが必要であるとの報告もある[3].細胞の生存維持やアポトーシスにBH4がどのように関与しているかは,今後明らかにしていく必要がある.

9.4 BH4代謝異常により発症する疾患

BH4が体内で不足することにより引き起こされる疾患が,いくつか知られている.ここでは,それら疾患の発見からこれまでの研究,現在行なわれている治療法について簡単に紹介する.

9.4.1 悪性高フェニルアラニン血症

食事から摂取したタンパク質の分解により生じたフェニルアラニンは,PAHによってチロシンに変換されてから,さまざまな化合物に代謝されていく.PAHの反応が正常に行われないと,代謝しきれないフェニルアラニンが体内に蓄積し高フェニルアラニン血症となり,放置すると知的障害やメラニン色素の欠乏が起こる.フェニルアラニン代謝の副経路から生じるフェニルピルビン酸が尿中に排泄されるので,フェニルケトン尿症(PKU)ともよばれる.

高フェニルアラニン血症の9割はPAH遺伝子の欠損によるものであるが,BH4合成代謝酵素であるGCH,PTS,あるいはDPR,PCDの遺伝子欠損により,BH4の欠乏から発症する高フェニルアラニン血症も存在し,悪性高フェニルアラニン血症とよばれている.この場合,肝臓のPAHのほかに,THやTPHの反応も進まないため,カテコールアミンやセロトニンの不足が起きる.これらの欠乏により,高フェニルアラニン血症のほかに,発熱発作・けいれん・ジストニアなどの神経症状が現れる.

筆者らは,世界で初めて悪性高フェニルアラニン血症のモデルマウスを作製し解析した[4].このマウスは,PTS遺伝子を相同組換えにより破壊したもので,BH4の欠乏から高フェニルアラニン血症に加えて,カテコールアミンやセロトニンの著明な低下を示した.PTSノックアウトマウスは,極度のノルアドレナリンの低下から生後2日以内に全例が死亡した.一方,このマウスの新生仔脳内で,TPHタンパク質量は変化しないにもかかわらず,THタンパク質量が大きく減少していることが明らかとなった[4].このTHタンパク質量の減少はBH4の投与により回復することから,BH4量の変化がTHタンパク質量を調節するという新しい作用があることがわかった.

9.4.2 ドーパ反応性ジストニア

　ジストニアは，不随意的な筋肉の緊張により姿勢の異常や全身または身体の一部の硬直などを示す疾患である．ドーパ反応性ジストニア(DRD)は，L-ドーパによって顕著に症状が改善する遺伝性のジストニアであり，1971年のSegawaらによる最初の発見以降，各国で類似した症例の報告がされた[5]．1994年に筆者らは，病因遺伝子の染色体位置や生化学的・分子遺伝学的解析から，本疾患の原因が第14染色体上のGCH遺伝子の変異であることを解明した[6]．本疾患患者では，片方のGCH遺伝子上に変異があることからBH4生合成量が低下して，脳内ドーパミン量が低下することによりジストニアを発症することが，筆者らの研究から明らかとなった．

　2つのGCH遺伝子がともに変異した完全欠損では，悪性高フェニルアラニン血症となる．片方のGCH遺伝子のみの変異による部分欠損ではDRDとなるが，GCH遺伝子の部分欠損をもっていても発症しない無症候性保因者がいることが，遺伝子解析から明らかになっている．DRD患者と無症候性保因者にどのような違いがあるのかについては，まだ明らかになっていない．

9.4.3 SPR欠損症

　BH4の欠乏が悪性高フェニルアラニン血症を引き起こすならば，GCH・PTSと同様にBH4生合成酵素の1つであるSPRの遺伝的欠損により発症する高フェニルアラニン血症患者がいても不思議ではないと考えられるが，そのような患者は長い間見つからなかった．1995年にParkらにより，SPRの反応をアルドース還元酵素やカルボニル還元酵素も触媒することが発見され[7]，SPRの欠損は重篤な障害を引き起こさないのではないかと考えられるようになった．ところが2001年にBlauらによって，高フェニルアラニン血症は示さないが重篤なモノアミン神経伝達物質の欠乏を示す患者にSPR遺伝子の変異が同定された[8]．

　筆者ら，およびYangらは，独立してSPRのノックアウトマウスを作製し解析した．その結果，マウスでは，ヒトSPR欠損症患者と異なり高フェニルアラニン血症を呈し，脳内モノアミンの欠乏を示すことが明らかとなった[9,10]．しかし，脳内モノアミンの欠乏はPTSノックアウトマウスより軽度であり，数週間生存し続けることができた．ヒトとマウスでSPR遺伝子欠損による表現型がなぜ違うのか，今後さらに解析していく必要がある．

9.5　BH4代謝が関連すると考えられる疾患

　9.4節では，BH4代謝にかかわる酵素の遺伝的変異により発症する疾患を紹介した．こ

こでは，上記疾患以外に，BH4 が直接あるいは間接に病態とかかわっており，BH4 の投与により治療効果が期待できる疾患について解説する．

9.5.1 小児自閉症

小児自閉症は，社会性やコミュニケーション能力の発達が遅滞する疾患である．発症原因は不明であるが，一卵性双生児の一方が自閉症であるとき，もう一人が自閉症である確率が，二卵性双生児の場合に比べて高いことから，遺伝的要因が発症に関与すると考えられている[11]．

Naruse らは，小児自閉症患者に対して BH4 の投与を行い，一部の患者に症状の改善がみられたことを報告している[12]．BH4 が患者の脳脊髄液で減少しているという報告もある[13]．小児自閉症は，自閉症スペクトラム障害(autism spectrum disorder)ともよばれているように，単一の疾患というより症候群としてとらえられており，小児自閉症と診断されている患者にもさまざまな遺伝的，病理的背景があると考えられる．それぞれの患者の病因を鑑別できる診断法が開発されれば，それぞれの患者グループに有効な治療法の開発に結びつくことが期待できる．

9.5.2 うつ病

うつ病は，抑うつな気分や興味・関心の低下を特徴とする気分障害で，不眠や食欲不振といった身体的な症状も呈する．現在では，選択的セロトニン再取り込み阻害薬(SSRI)による薬物治療が広く用いられており，セロトニンニューロンの働きに注目した研究が盛んに行われている．一方，長期間にわたる SSRI 投与でも効果が現れない患者もおり，うつ病の患者の中にもさまざまな原因が存在していると考えられる．

BH4 が脳内で減少すれば，脳内セロトニンや他のモノアミン量も低下すると考えられるので，うつ病と BH4 との関係が 1980 年代から調べられている．患者において，BH4 または血中ビオプテリンが減っているという報告もあれば，増えているという報告もある．また，BH4 投与が効果ありとする報告も，ないとする報告もあり，一貫性がみられていない．

近年，SSRI の 1 つであるパロキセチンが，マウスの脳の BH4 を減少させ，ドーパミンとセロトニンの代謝回転を抑制する作用があることが報告された[14]．さらに，ES 細胞由来神経細胞の培養系におけるプロテオーム解析の結果，SPR の発現が顕著に増加していることが明らかになっている[15]．SSRI の効果との関係はまだ不明であるが，うつ病の病態と BH4 との関係を示唆するデータの 1 つと考えられる．

9.5.3 パーキンソン病

　パーキンソン病(PD)は，おもに60歳以降に発症する進行性神経変性疾患であり，患者は振戦，固縮，無動といった症状を示す．中脳黒質のドーパミン作動性ニューロンの顕著な変性・脱落を病理学的特徴とし，患者の症状の多くはドーパミンの減少およびそれに伴う大脳基底核回路の働きの異常によるものと考えられているが，発症と進行の詳しい機序はいまだ不明である．

　THはドーパミン生合成の律速酵素であり，リン酸化と脱リン酸化，細胞内BH4量，最終産物であるドーパミン量などの多くの因子によってその活性が制御され，細胞内でのドーパミン量が調節されている．不活性状態のTHは最終産物であるドーパミンが結合することにより安定化されているが，リン酸化された活性化状態のTHは高比活性だが不安定であるという特徴がある．THの触媒反応には鉄イオンとBH4の存在が不可欠である．パーキンソン病の病理学的特徴は，黒質線条体のドーパミン作動性ニューロンにおける神経脱落と，レビー小体とよばれるタンパク質凝集体の形成である．現在，これらの神経変性およびタンパク質凝集体が，なぜドーパミン作動性ニューロン選択的に起こるのかは明らかになっていない．

　BH4欠損マウスにおいてTHのタンパク質量が低下する現象が明らかになっており[4]，BH4欠乏とTHタンパク質量の低下の関連性が示唆されてきた．さらに，リン酸化状態のTHが試験管内で凝集しやすい性質をもつことが明らかになった[16]．TH代謝の分子機構においては，これまでTHの脱リン酸化による不活性化およびリサイクルが知られていたが，どのような経路において分解を受けるのかは明らかになっていなかった．現在，筆者らの研究室では，THの新規代謝経路とリン酸化型THの細胞内での性質が明らかになり，TH代謝経路の障害におけるTHタンパク質の蓄積および消失の分子機構を検討中である．

　PD患者においては，脳脊髄液中のBH4が減少していることが報告されている[17]．BH4投与により脳内モノアミンが増加することが期待できるので，NarabayashiらはNパーキンソン病様症状を示す5人の患者に300～600 mgのBH4を1回投与し，患者の症状になんらかの改善がみられたことを報告している[18]．一方，Mooreの報告によると，1日3回計200 mgを4日間投与したところ，とくに効果はなかったという[19]．このように，結果に大きな差が生じているのにはさまざまな原因が考えられるが，当時多量のBH4を合成することが困難であったことも1つの要因である．現在ではPDモデル動物の開発も進んでいるので，改めてBH4の効果を検証する必要があるだろう．

　近年SPRは，家族性パーキンソン病の原因遺伝子PARK3の有力な候補遺伝子になっており，また弧発性パーキンソン病患者の脳においてSPRの発現が増加しているという報

告もある[20]. BH4合成の制御は第一段階のGCHで行われていると考えられ，GCHの発現・活性調節の研究は盛んに行われてきたが，他の酵素の調節機構はあまり知られていない．上述のように，SPRの発現制御機構の存在を示唆する報告も出されてきており，GCH以外の酵素によるBH4合成の制御についても今後研究が進んでいくと思われる．

9.5.4　BH4応答性PAH欠損症

1999年東北大学のKureらにより，PAHの変異による高フェニルアラニン血症の患者の中に，BH4の投与によって血中フェニルアラニン値に有意な減少がみられる患者が見いだされた[21]．患者のBH4の生合成系および再還元系に異常は認められなかった．さまざまなPAH変異をもつPKU患者に対してBH4反応性があるかが調べられ，半数以上のPKU患者にBH4応答性が認められた[22]．BH4反応性がみられた患者におけるPAH遺伝子変異は，BH4との親和性が変化するような変異ばかりではなく，BH4応答性の分子機構はまだあまりわかっていない．

BH4反応性フェニルケトン尿症患者へのBH4投与の保険適応が，2008年7月に認められた．肉類はおろか牛乳すら自由に摂取できないフェニルアラニン制限食を日々余儀なくされているPKU患者の食生活が，少しでも充実したものになるならたいへん喜ばしいことである．

9.5.5　痛覚

神経傷害性や腫瘍性の慢性疼痛(とうつう)には個人差があることが知られている．近年，BH4が痛みの程度や持続を左右するという興味深い報告がなされた[23]．痛覚の伝達を行なうニューロンの細胞体は，脊髄のすぐ脇に細胞が位置する後根神経節(DRG)に存在する．この論文では，ラットのDRGニューロンが傷害時にGCHおよびSPRの発現が誘導され，BH4レベルの上昇がnNOSを活性化しカルシウムイオン濃度の上昇をもたらすことを示し，これが疼痛の原因になるとしている．さらに彼らは，GCH非翻訳領域の特定のハプロタイプをもつ人において，椎間板ヘルニア患者の外科手術後慢性疼痛が穏やかであることを見いだした．血液由来の細胞をフォルスコリン刺激してみるとGCH発現抑制がみられ，BH4レベルも減少した．これは他の配列をもつものの応答と逆であり，GCH多型が疼痛の発生と持続性に関与していることが強く示唆された．

9.5.6　高血圧，動脈硬化

高血圧や動脈硬化といった血管障害の患者は非常に多く，厚生労働省による2004年人口動態統計によると，日本人の死因の第2位は心疾患(15.5%)，第3位が脳血管障害(12.5%)である．血管障害初期の患者にみられるNO産生能力の低下は，これらの疾患の

早期診断に有用であるだけでなく，疾患の発生と進行に深くかかわるものとして研究と治療法開発が盛んに行われている．

さまざまな血管障害のモデル動物にBH4投与が有効であることは，多くの論文により検証されている．2007年にGCHの多型が心疾患のリスクを左右するという報告がなされた[24]．大規模なGCH多型に関する調査の結果，3'非翻訳領域における変異C+243Tの持ち主において，尿中のNO量が少ない，血圧が高めである，血圧反射機能が低いなど，循環器障害を発症しやすいといった特徴がみられた．

その後行われた大規模なスクリーニングの結果，9.5.5項の疼痛耐性のあるGCHハプロタイプの持ち主はC+243Tの変異ももっており，その逆も成り立つことがわかった[25]．まだこのGCHの多型に関する研究は始まったばかりであるが，今後痛覚過敏や血管障害の機構解明，およびそれら症状の緩和，リスクの軽減に向けた応用が期待されている．

9.6 おわりに

血管障害による患者の増加，さまざまな精神疾患に加え，高齢化に伴う老年性神経変性疾患，そのいずれもが高齢化社会に向けて関心の高い疾患である．BH4がそれらに深くかかわっているのは，BH4がさまざまな機能を有しているからであるが，現在のところ医療への応用はまだ限定的である．その原因の1つにはBH4が熱や光に対して不安定であるという化学的性質があげられる．また，BH4は血液脳関門を通りにくいという問題もある．これは，中枢神経に対してBH4を供給する場合に大きな壁となる．幸い，BH4投与による副作用は現在のところ報告されていない．BH4を大量に投与すればある程度脳内に入ることも期待できるが，脳内BH4量を高めるために有効な化合物の探索や，新しい薬剤送達システムの開発により，これらの問題が解決されることが期待される．

引用文献

1) K. Panda, R.J. Rosenfeld, S. Ghosh, A.L. Meade, E.D. Getzoff, D.J. Stuehr, *J. Biol. Chem.*, **277**, 31020 (2002)
2) P.Z. Anastasiadis, H. Jiang, L. Bezin, D.M. Kuhn, R.A. Levine, *J. Biol. Chem.*, **276**, 9050 (2001)
3) J. Tanaka, K. Koshimura, Y. Murakami, Y. Kato, *Neurosci. Lett.*, **328**, 201 (2002)
4) C. Sumi-Ichinose, F. Urano, R. Kuroda, T. Ohya, M. Kojima, M. Tazawa, H. Shiraishi, Y. Hagino, T. Nagatsu, T. Nomura, H. Ichinose, *J. Biol. Chem.*, **276**, 41150 (2001)
5) M. Segawa, K. Ohmi, S. Itoh, M. Aoyama, H. Hayakawa, 診療, **24**, 667 (1971)
6) H. Ichinose, T. Ohye, E. Takahashi, N. Seki, T. Hori, M. Segawa, Y. Nomura, K. Endo, H. Tanaka, S. Tsuji, *Nat. Genet.*, **8**, 236 (1994)
7) Y.S. Park, C.W. Heizmann, B. Wermuth, R.A. Levine, P. Steinerstauch, J. Guzman, N. Blau, *Biochem. Biophys. Res. Commun.*, **175**, 738 (1991)

8) L. Bonafé, B. Thöny, J.M. Penzien, B. Czarnecki, N. Blau, *Am. J. Hum. Genet.*, **69**, 269 (2001)
9) S. Yang, Y.J. Lee, J.M. Kim, S. Park, J. Peris, P. Laipis, Y.S. Park, J.H. Chung, S.P. Oh, *Am. J. Hum. Genet.*, **78**, 575 (2006)
10) C. Takazawa, K. Fujimoto, D. Honma, C. Sumi-Ichinose, T. Nomura, H. Ichinose, S. Katoh, *Biochem. Biophys. Res. Commun.*, **367**, 787 (2008)
11) S.E. Folstein, B. Rosen-Sheidley, *Nat. Rev. Genet.*, **2**, 943 (2001)
12) H. Naruse, T. Hayashi, M. Takesada, A. Nakane, K. Yamazaki, 脳と発達, **21**, 181 (1989)
13) Y. Tani, E. Fernell, Y. Watanabe, T. Kanai, B. Långström, *Neurosci. Lett.*, **181**, 169 (1991)
14) H. Miura, T. Kitagami, N. Ozaki, *Synapse*, **61**, 698 (2007)
15) P.C. McHugh, G.R. Rogers, B. Loudon, D.M. Glubb, P.R. Joyce, M.A. Kennedy, *J. Neurosci. Res.*, **86**, 306 (2008)
16) F. Urano, N. Hayashi, F. Arisaka, H. Kurita, S. Murata, H. Ichinose, *J. Biochem.*, **139**, 625 (2006)
17) W. Lovenberg, R.A. Levine, D.S. Robinson, M. Ebert, A.C. Williams, D.B. Calne, *Science*, **204**, 624 (1979)
18) H. Narabayashi, T. Kondo, T. Nagatsu, T. Sugimoto, S. Matsuura, *Proc. Japan Acad.*, **58**, 283 (1982)
19) A.P. Moore, P.O. Behan, W. Jacobson, W.L. Armarego, *J. Neurol. Neurosurg. Psychiatry*, **50**, 85 (1987)
20) J.E. Tobin, J. Cui, J.B. Wilk, J.C. Latourelle, J.M. Karamie, A.C. McKee, M. Guttman, S. Karamohamed, A.L. DeStefano, R.H. Myers, *Brain Res.*, **1139**, 42 (2007)
21) S. Kure, D.C. Hou, T. Ohura, H. Iwamoto, S. Suzuki, N. Sugiyama, O. Sakamoto, K. Hujii, Y. Matsubara, K. Narisawa, *J. Pediatr.*, **135**, 375 (1999)
22) M.R. Zurflüh, J. Zschocke, M. Lindner, F. Feillet, C. Chery, A. Burlina, R.C. Stevens, B. Thöny, N. Blau, *Hum. Mutation*, **29**, 167 (2008)
23) I. Tegeder, M. Costigan, R.S. Griffin, A. Abele, I. Belfer, H. Schmidt, C. Ehnert, J. Nejim, C. Marian, J. Scholz, T. Wu, A. Allchorne, L. Diatchenko, A.M. Binshtokm, D. Goldman, J. Adolph, S. Sama, S.J. Atlas, W.A. Carlezon, A. Parsegian, J. Lötsch, R.B. Fillingim, W. Maixner, G. Geisslinger, M.B. Max, C.J. Woolf, *Nat. Med.*, **12**, 1269 (2006)
24) L. Zhang, F. Rao, K. Zhang, S. Khandrika, M. Das, S.M. Vaingankar, X. Bao, B.K. Rana, D.W. Smith, J. Wessel, R.M. Salem, J.L. Rodriguez-Flores, S.K. Mahata, N.J. Schork, M.G. Ziegler, D.T. O'Connor, *J. Clin. Invest.*, **117**, 2658 (2007)
25) A. Doehring, C. Antoniades, K.M. Channon, I. Tegeder, J. Lötsch, *Mutat. Ras.*, **659**, 195 (2008)

10 肝細胞増殖因子によるがん細胞の増殖制御機構

10.1 はじめに

　人間の体は，それぞれの組織を構成する細胞が秩序立って機能することにより成り立っている．また細胞は細胞増殖因子の制御のもとに秩序だった増殖あるいは増殖停止が起こり，我々の体の恒常性が維持されている．しかし，この制御が崩れてしまうと，細胞は異常な増殖を始める．細胞の増殖は，増殖因子が細胞表面にある受容体に作用すると，その受容体を介して細胞内に存在する分子がつぎつぎと活性化され，最終的にそのシグナルが核内に伝わりDNA合成を促し細胞が分裂することにより起こる．しかし，細胞が増殖因子の作用がないにもかかわらず常に分裂の方向に向かうように変化してしまう場合がある．すなわち，受容体分子や細胞内でシグナルを伝える分子が常に活性化された状態である．これが，がん細胞とよばれる細胞への変化である．

　このようながん細胞の特性であるシグナル伝達分子の異常な活性化に対して，活性化を抑える分子を開発し抗がん剤として利用する試みが多くなされ，すでに実際に臨床に応用されている抗がん剤がいくつかある．たとえば，乳がんにおいて活性化されている増殖因子受容体に対する抗体，肺がんにおいて活性化されている増殖因子受容体チロシンキナーゼに対する酵素阻害剤，白血病において活性化されているシグナル伝達分子チロシンキナーゼに対する酵素阻害剤，などである．がん細胞において異常に活性化されている受容体やシグナル伝達分子は，がんの種類によって異なり，また同じ組織由来のがんでも活性化されている分子が異なる場合がある．したがって，それぞれのがんによって活性化されているがん化の原因分子を突き止めて，その活性化を抑える抗がん剤の開発が必要である．

　細胞増殖因子は，通常は正常な細胞の増殖を促進する作用をもつ．しかし，がん細胞の中には，増殖因子によりむしろ増殖が抑制される細胞が存在する．これらのがん細胞では，すでに増殖促進に必要な高い活性をもつシグナル伝達分子が存在し，増殖因子が細胞に作用するとそのシグナル伝達分子の活性が低下し，細胞の増殖が抑制される可能性が考えられる．したがって，増殖因子によって活性が低下するシグナル伝達分子を特定できれば，

その分子は抗がん剤開発のための標的となる可能性がある．筆者らは，肝細胞増殖因子(hepatocyte growth factor, HGF)とよばれる増殖因子による細胞増殖制御のシグナル伝達機構の解析を行っている．がん細胞の中にはHGFが作用することにより増殖が抑制される細胞が存在し，とくに肝がん由来の細胞株において顕著に抑制がみられる．肝がん細胞に対しては，シグナル伝達分子を標的とした有効な抗がん剤はまだ見いだされていない．筆者らは肝がんに対する抗がん剤開発のための基礎的なデータを得ることを目的として，HGFにより増殖が抑制されるヒト肝がん由来細胞株を用いてシグナル伝達の解析を行い，シグナル伝達経路の一部について解明に成功している．ここでは現在までに明らかになっているHGFによるがん細胞の増殖抑制の分子機構について紹介したい．

10.2　肝細胞増殖因子によるがん細胞の増殖抑制作用

　HGFは，正常の培養肝細胞の増殖を促進する因子として見いだされ，肝臓の再生時における肝細胞の増殖に重要な役割を果たしている[1,2]．また，ノックアウトマウスの解析により，HGFは胎生期における胎盤や肝臓の細胞の増殖に必須の因子であることが明らかにされている[3,4]．

　HGFは肝細胞などの正常の上皮系の培養細胞の増殖を促進するが，一方，多くのがん由来培養細胞に対しては，むしろ増殖を抑制することが知られている[5,6]．また，モデル動物を用いた解析により，HGFが肝がんの増殖を抑制するという報告がある[7,8]．これらの事実は，HGFをヒトのがんに対する抗がん剤として応用できる可能性を示唆している．しかし，HGFにより増殖が促進するがん細胞も存在することから，HGFを抗がん剤に応用していくには，HGFにより増殖が抑制されるがん細胞の特性を理解することが重要である．また，HGFによるがん細胞の増殖抑制の機構を明らかにすることは，増殖抑制のトリガーとなるシグナル伝達分子を標的とした抗がん剤の開発に結びつくと考えられる．

　ヒト肝がん由来細胞株HepG2は，HGFにより増殖が抑制される細胞株であり，増殖抑制の分子機構の解析に適している．HepG2細胞を血清存在下で培養すると増殖が進行する．この増殖が盛んな細胞をHGF存在下で培養すると，3日目くらいから増殖の抑制が観察され，4日目になると抑制が顕著になる(図10.1a)．一方，ヒト胃がん由来細胞株MKN74は，血清存在下で培養すると増殖が進行するが，HGFを加えるとさらに増殖が促進する(図10.1b)．したがって，ヒトがん由来細胞株には，HGFにより増殖が抑制される細胞株と促進される細胞株という，全く逆の増殖応答を示す細胞株が存在する[9]．HepG2細胞とMKN74細胞では，c-MetとよばれるHGFの受容体の量はほとんど同じで，またHGFによるその活性化状態もほぼ同じであることが示されており，正反対の増殖応答はc-Metの下流のシグナル伝達の違いによると考えられる．したがって，このシグナル伝

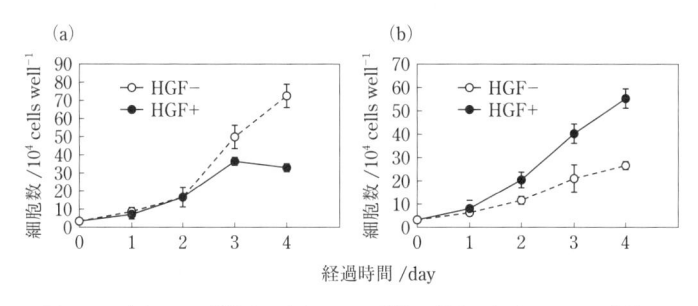

図 10.1　(a) HepG2 細胞と，(b) MKN74 細胞の増殖における HGF の効果．

達の違いを明らかにすることは，HGF による増殖抑制の機構を理解するために重要である．

10.3　肝細胞増殖因子による肝がん細胞の増殖抑制作用の分子機構

10.3.1　シグナル伝達制御の機構

　細胞増殖制御にかかわる c-Met の下流のシグナル伝達経路として，Ras-ERK 経路は重要な経路の1つである．この経路について解析したところ，HGF で刺激した HepG2 細胞ではタンパク質キナーゼである ERK が非常に強く活性化されていた．一方，HGF 刺激した MKN74 細胞では，ERK の活性化は弱いレベルにとどまった．また，HepG2 細胞でみられた ERK の強い活性化を，ERK のすぐ上流のタンパク質キナーゼである MEK の阻害剤を用いて，MKN74 でみられたレベルと同等の弱いレベルに抑えてしまうと，HGF 刺激による HepG2 細胞の増殖の抑制が解除され，HGF で刺激しない場合と同等の増殖促進がみられた[9]．これらの結果は，HepG2 細胞では血清存在下での ERK の弱い活性化レベルでは増殖が促進しているが，HGF が細胞に作用することにより ERK がより強く活性化されると増殖が停止してしまうことを示している．したがって，ERK の活性化の強弱が増殖の促進と抑制を制御している機構の1つと考えられる．

　それでは，HepG2 細胞において HGF 刺激により強い ERK の活性化が導かれる機構は，どのようなものなのだろうか．c-Met から Ras-ERK 経路に至る経路において，活性化された c-Met に結合する Grb2 とよばれるアダプタータンパク質が重要な役割を果たしている．Grb2 は SOS と複合体を形成し，SOS は Ras を GDP 型から GTP 型に変換することによって Ras を活性化する[10]．c-Met への Grb2 の結合が ERK の強い活性化に関与しているか否かについて解析したところ，Grb2 を結合できなくなった変異型 c-Met では，ERK の強い活性化は起こらなかった．したがって，Grb2 の c-Met への結合が ERK の強

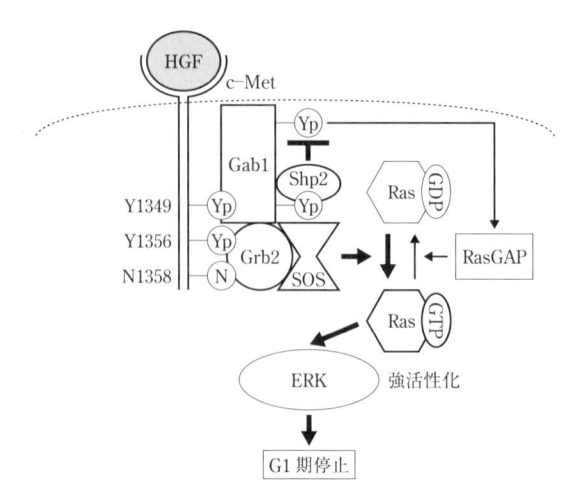

図 10.2 HGF による ERK の強活性化を導くシグナル伝達.

い活性化に必要であることが明らかになった[11]. Grb2 は SOS と複合体を形成して Ras を活性化する以外に, Gab1 とよばれるアダプタータンパク質を c-Met に結合する機能をもっている. Gab1 は c-Met の下流で Ras-ERK 経路の活性化を促進することが知られている[12]. HepG2 細胞において, Grb2 の c-Met への結合が Gab1 の c-Met への結合に必要であるかについて解析したところ, Gab1 が c-Met に結合してリン酸化されるためには, Grb2 の c-Met への結合が必要であることが明らかになった. さらに, Gab1 を siRNA によりノックダウンしたところ, ERK の強い活性化が抑制され, HGF 刺激による HepG2 細胞の増殖抑制が解除された[11]. したがって Gab1 が, HepG2 細胞の増殖抑制に必要な ERK の強い活性化に重要な役割を果たしていると考えられる (図 10.2).

HepG2 細胞と MKN74 細胞における Gab1 のタンパク質レベルを調べたところ, HepG2 細胞では MKN74 細胞よりも Gab1 のレベルが顕著に高かった. また, HGF 刺激した HepG2 細胞では MKN74 細胞に比べ Gab1 のより強いリン酸化が認められた[11]. したがって, HepG2 細胞のように Gab1 のレベルが高いがん細胞では, HGF 刺激により ERK が強く活性化されることによって増殖が抑制し, 一方, MKN74 細胞のように Gab1 のレベルが低いがん細胞では, HGF 刺激しても ERK の活性化が弱く増殖が促進される可能性が考えられる. この可能性が一般的にがん細胞に対してあてはまるかについては, 他のがん細胞について同様の解析をする必要がある.

10.3.2 細胞周期停止の機構

HGF により HepG2 細胞の増殖が抑制される仕組みの1つとして, 細胞分裂にかかわる

細胞周期の停止が考えられるため，細胞周期の制御に関与している RB（レチノブラストーマがん抑制遺伝子産物）タンパク質について解析を行った．HGF で刺激した HepG2 細胞では RB の低リン酸化型（細胞周期の G1 期から S 期への移行を抑制する）の割合が増加したが，MEK 阻害剤を用いて ERK の強い活性化を抑えると，この増加は起こらなかった[9]．これらの結果は，HepG2 細胞では HGF 刺激により強く活性化された ERK を介して RB の低リン酸化型の割合が増加し，細胞周期が G1 期で停止することにより細胞増殖の抑制が導かれることを示している．実際に G1 期で細胞周期が停止しているかについては，フローサイトメトリーにより細胞周期の各段階に含まれる細胞集団の割合について解析を行った．その結果，HGF で刺激した HepG2 細胞では G1 期の割合が顕著に増加し，それに伴って S 期および G2/M 期の割合が減少した．また MEK 阻害剤を用いて ERK の強い活性化を抑制すると，これらの割合の変化はみられなかった[13]．したがって，HGF による HepG2 細胞の増殖抑制は，アポトーシスによる細胞死が原因ではなく，細胞周期の G1 期での停止によることが確定された．

RB タンパク質は，低リン酸化型の状態のときには E2F とよばれる転写因子と結合して転写を阻害し，細胞周期は停止する．RB が高リン酸化型になると E2F から遊離し E2F が活性化する．活性化した E2F は転写因子として機能が発現し，DNA 合成などに必要な遺伝子の発現が促進される．その結果，G1 期から S 期へと細胞周期が進行し細胞分裂が促される[14]．したがって，RB の高リン酸化型への変化が細胞周期の進行に重要である．HepG2 細胞において RB を高リン酸化型に導くタンパク質キナーゼについて探索したところ，Cdk2 とよばれるサイクリン依存性キナーゼが高い活性を示した．さらに，HepG2 細胞を HGF で刺激すると Cdk2 の活性が顕著に減少した[13]．したがって HepG2 細胞では，高い Cdk2 活性により RB が高リン酸化型の状態で存在することによって E2F が活性化され増殖が促進するが，HGF で刺激すると Cdk2 の活性が減少し，RB が低リン酸化状態になり E2F 活性が抑制され，細胞周期が G1 期で停止すると考えられる．また，MEK 阻害剤の存在下では HGF による Cdk2 の活性の減少はみられなかったことから，Cdk2 の活性の減少には ERK の強い活性化が必要であることが示唆された．

Cdk の活性を制御する機構にはリン酸化などがあるが，最も重要なものが Cdk インヒビターによる制御である．Cdk インヒビターの1つである p16^{INK4a} タンパク質について解析したところ，p16 の発現が HGF で刺激した HepG2 細胞で顕著に増加することが見いだされた．siRNA を発現させて p16 をノックダウンし，HGF 刺激によっても発現の増加が起こらなくなった細胞では，Cdk2 の活性の低下が抑えられ，また細胞周期の G1 期での停止が起こらなかった[15]．これらの結果は，HGF による p16 の発現の増加が Cdk2 活性の低下を導き，細胞周期を G1 期で停止させることを示している．しかし，p16 は直接 Cdk2 に作用してその活性を抑制しない．Cdk2 の活性を抑制するインヒビターとして，

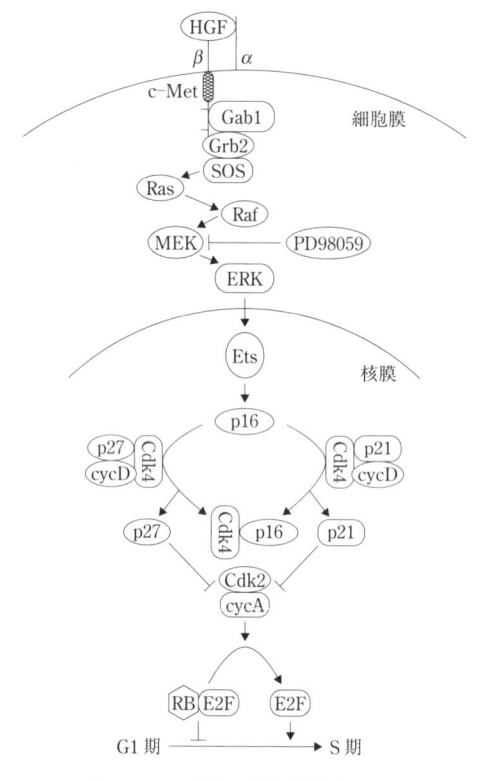

図 10.3 HGF による HepG2 細胞の細胞周期停止に関わるシグナル伝達.

$p21^{CIP1}$ と $p27^{KIP1}$ が知られている．そこで p16 と p21，p27 との関係について詳しく解析したところ，発現が増加した p16 は Cdk4 とよばれるタンパク質キナーゼと結合するようになり，すでに Cdk4 に結合していた p21 と p27 を Cdk4 から追い出し，追い出された p21 と p27 が Cdk2 に作用して，その活性を低下させることが明らかになった[15]．なお，p21 と p27 の発現も HGF で刺激した HepG2 細胞で増加する．p21 の発現の増加は HGF で刺激後早い時期に起こり，siRNA により p21 をノックダウンし発現の増加が起こらなくなった細胞では Cdk2 の活性の低下が抑えられ，細胞の増殖抑制が緩和された[16]．したがって，p21 の発現の増加も HGF による HepG2 細胞の増殖抑制に重要な役割を果たしている．

以上の結果とすでに明らかになっている事実とを合わせて，HGF による HepG2 細胞の増殖抑制に関わるシグナル伝達について図 10.3 にまとめる．HepG2 細胞では，HGF が作用するとその受容体 c-Met が活性化されて，Grb2・SOS を介して Ras-ERK 経路が機能し ERK が活性化される．また，Grb2 は Gab1 の c-Met への結合を導き，ERK の活性化

をさらに促進する.活性化されたERKは核内に入り転写因子を活性化することにより,p16の遺伝子を活性化する.遺伝子が活性化し産生量が増えたp16はCdk4に結合し,その結果p21とp27がCdk4からCdk2に移行してCdk2の活性が低下する.そのためRBは低リン酸化型のままで存在して,E2Fに結合し転写を抑えてしまう.その結果,細胞周期はG1期で停止し,細胞の増殖が抑制されてしまう.この一連のシグナルの伝達は,ERKの強い活性化をMEK阻害剤(たとえばPD98059)で弱いレベルに下げると止まってしまう.その結果,Cdk2の活性が高いレベルに保たれ,RBが高リン酸化型の状態で存在しE2Fから遊離する.RBが遊離したE2Fは活性化され,細胞周期はG1期からS期へと進行し増殖が促進する.したがって,HGFによるHepG2細胞の増殖抑制作用には,ERKの強い活性化が中心的な役割を果たしていると考えられる.

10.3.3 Cdkインヒビターの発現調節機構

HGFによるHepG2細胞の増殖抑制にp16の発現の増加が必要であり,またp21の発現の増加も必要であることから,これらのCdkインヒビターのHGFによる発現の調節機構を明らかにすることは重要である.p16およびp21の発現増加はmRNAレベルで起こることから,転写による調節が行われていると考えられる.また,p16とp21の発現の増加はMEK阻害剤で抑えられることから,ERKの強い活性化が必要である.しかし,ERKの強い活性化だけで発現の増加が起こるのか,あるいはERKの活性化に加え他の経路も必要とするのかの問題が残る.そこで,ERKの活性化だけで発現の増加が起こるか否かについて解析を行った.HepG2細胞にEGF受容体遺伝子を導入し,EGF受容体の高発現細胞株を調製して解析したところ,この細胞株をEGFで刺激するとERKの強い活性化がみられたが,p16とp21の発現の増加はみられなかった[16].したがって,p16とp21の発現の増加には,ERKの経路以外の別のシグナル伝達経路も必要であることが明らかになった.

p16遺伝子のプロモーターについて解析したところ,転写開始点より上流の247塩基内に存在するEtsとよばれる転写因子が結合する領域が,HGFによるp16の発現増加に必要であることが明らかになった.また,CHIP(クロマチン免疫沈降法)アッセイによる解析により,HGF刺激したHepG2細胞では,Etsタンパク質が実際にその領域に結合することが確認された[15].Etsは,ERK経路を介してリン酸化されることによりその転写活性が発現することが報告されていることから[17],HGFによるp16の発現増加も,HGFによるERKの強い活性化を介するEtsのリン酸化が関与すると考えられる.しかし,p16の発現増加にはERK経路以外のシグナル伝達経路も関与していることから,Etsのリン酸化による活性化以外にもEtsを活性化する機構が存在していると考えられる.

Etsの活性は,Id1とよばれるタンパク質が結合することによって負に調節されてい

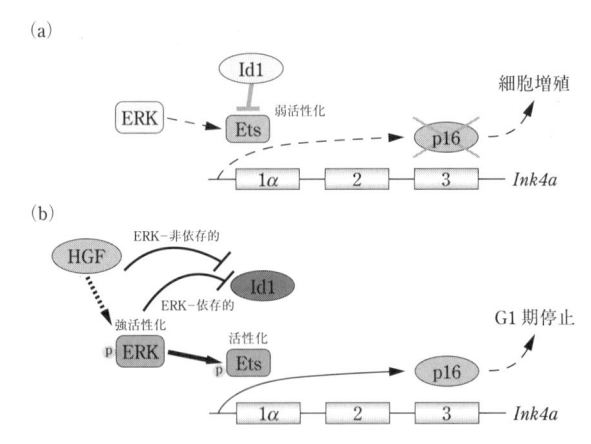

図 10.4 HGF による Cdk インヒビター p16 の発現調節機構. (a) HGF 刺激なし, (b) HGF 刺激あり.

る[18]. Id1 の発現について調べたところ, HepG2 細胞では Id1 が高いレベルで発現していた. また, HGF 刺激すると発現の減少がみられた. したがって, HepG2 細胞では, Id1 が高く発現し Ets と結合することにより Ets を不活性な状態に保っており, HGF 刺激すると Id1 の発現減少により抑制がなくなると同時にリン酸化が起こり, Ets が活性化され p16 の発現の増加が起こると考えられる(図 10.4). 実際に, Id1 を過剰発現して Id1 を高い状態に保つと, p16 の発現の増加はみられなかった. また, siRNA により Id1 をノックダウンしただけでは p16 の発現の増加はみられなかったが, 同時に ERK を活性化すると p16 の発現が増加した[19]. これらの結果は, Id1 の発現が減少することが, HGF による p16 の発現増加に必要であることを示している. なおこの HGF による Id1 の発現減少に, ERK を介さないシグナル伝達経路が関与することが確認されている.

10.4 おわりに

HGF による HepG2 細胞の増殖抑制の分子機構の解析の結果, HGF 刺激した HepG2 細胞では, Cdk インヒビターである p16, p21 および p27 の発現の上昇が起こり, その結果 Cdk2 の活性が低下し, 細胞周期の G1 期停止が導かれることが明らかになった. したがって Cdk2 の特異的阻害剤は, HepG2 細胞と同様の性質をもつ肝がん細胞に対して, 抗がん剤として有効である可能性が考えられる. 抗がん剤としての開発のための次の段階としては, 実際のがんの中から HepG2 細胞と同様の細胞特性をもつものを探し, それらのがんに対して Cdk2 の特異的阻害剤が有効であるかを検証していく必要がある. また, HGF は HepG2 細胞以外にも多くのがん細胞に作用して増殖を抑制するが, 増殖抑制の分子機

構は，HepG2細胞で明らかにされたものとは異なる可能性もある．したがって，これらの分子機構を明らかにすることは，それぞれのがん細胞の特性を理解し，抗がん剤の標的分子を探るうえで重要である．

引 用 文 献

1) K. Miyazawa, H. Tsubouchi, D. Naka, K. Takahashi, M. Okigaki, N. Arakaki, H. Nakayama, S. Hirono, O. Sakiyama, K. Takahashi, E. Gohda, Y. Daikuhara, N. Kitamura, *Biochem. Biophys. Res. Commun.*, **163**, 967(1989)
2) T. Nakamura, T. Nishizawa, M. Hagiya, T. Seki, M. Shimonishi, A. Sugimura, K. Tashiro, S. Shimizu, *Nature*, **342**, 440(1989)
3) C. Schmidt, F. Bladt, S. Goedecke, V. Brinkmann, W. Zschiesche, M. Sharpe, E. Gherardi, C. Birchmeier, *Nature*, **373**, 699(1995)
4) Y. Uehara, O. Minowa, C. Mori, K. Shiota, J. Kuno, T. Noda, N. Kitamura, *Nature*, **373**, 702(1995)
5) K. Higashio, N. Shima, M. Goto, Y. Itagaki, M. Nagao, H. Yasuda, T. Morinaga, *Biochem. Biophys. Res. Commun.*, **170**, 397(1990)
6) H. Tajima, K. Matsumoto, T. Nakamura, *FEBS Lett.*, **29**, 229(1991)
7) G. Shiota, D.B. Rhoads, T.C. Wang, T. Nakamura, E.V. Schmidt, *Proc. Natl. Acad. Sci. USA*, **89**, 373(1992)
8) E. Santoni-Rugiu, K.H. Preisegger, A. Kiss, T. Audolfsson, G. Shiota, E.V. Schmidt, S.S. Thorgeirsson, *Proc. Natl. Acad. Sci. USA*, **93**, 9577(1996)
9) Y. Tsukada, K. Miyazawa, N. Kitamura, *J. Biol. Chem.*, **276**, 40968(2001)
10) J. Schlessinger, *Cell*, **103**, 211(2000)
11) A. Kondo, N. Hirayama, Y. Sugito, M. Shono, T. Tanaka, N. Kitamura, *J. Biol. Chem.*, **283**, 1428(2008)
12) U. Schaeper, N.H. Gehring, K.P. Fuchs, M. Sachs, B. Kempkes, W. Birchmeier, *J. Cell Biol.*, **149**, 1419(2000)
13) Y. Tsukada, T. Tanaka, K. Miyazawa, N. Kitamura, *J. Biochem.*, **136**, 701(2004)
14) N.B. La Tangue, *Trends Biochem. Sci.*, **19**, 108(1994)
15) J. Han, Y. Tsukada, E. Hara, N. Kitamura, T. Tanaka, *J. Biol. Chem.*, **280**, 31548(2005)
16) E. Shirako, N. Hirayama, Y. Tsukada, T. Tanaka, N. Kitamura, *J. Cell. Biochem.*, **104**, 176(2008)
17) B.S. Yang, C.A. Hauser, G. Henkel, M.S. Colman, C. Van Beveren, K.J. Stacey, D.A. Hume, R.A. Maki, M.C. Ostrowski, *Mol. Cell. Biol.*, **16**, 538(1996)
18) P.R. Yates, G.T. Atherton, R.W. Deed, J.D. Norton, A.D. Sharrocks, *EMBO J.*, **18**, 968(1999)
19) K. Ushio, T. Hashimoto, N. Kitamura, T. Tanaka, *Mol. Cancer Res.*, **7**, 1179(2009)

11 医療に向けた細胞認識機能性バイオマテリアル

11.1 はじめに

　生体組織がなんらかの疾患により傷害を受け，組織自体が欠損する重篤な病態に陥る場合がある．このような病態において，その傷害された組織を補いその機能を補完するべく開発される材料が，いわゆるバイオマテリアルである．このバイオマテリアルとは，一般的に生体材料と考えれば，タンパク質や多糖類，セルロースなどの天然のポリマーなど，生体に由来する材料と考えられているかもしれない．ここでは，このような材料とは別に，本来であれば全く生体に由来しない合成高分子を生体材料以上に生体に適合させ，生体組織に組み込み機能を補完するものとして開発されているものを，バイオマテリアルと考えたい．たとえば，歯科材料や人工関節などの材料から薬物を生体の目的とする組織に送達させる薬物輸送システム (drug delivery system, DDS) のための材料があげられる．つまり，生体に移植されたときに生体に拒絶されずに，あたかも組織の一部として生体に適合し組織や器官の機能を保持することができる合成高分子材料と定義される．このようなバイオマテリアルの中で，細胞認識機能性バイオマテリアルとは，細胞に対して直接相互作用し細胞機能を制御しうるような合成高分子材料，あたかも通常の生体に存在するさまざまな制御因子のようなふるまいをする合成高分子，と定義することができるであろう．

　細胞は，組織の中で増殖因子や細胞外マトリックス，細胞間接着分子，糖鎖などの，さまざまな分子によって増殖や分化機能などが制御されている（図11.1）．細胞認識性バイオマテリアルは，このような分子の細胞認識部位をヒントに単純化し模倣することで設計され，細胞に直接相互作用することで再生医療や薬物輸送システムなどの医療技術への応用から，未知の細胞機能の解明という基礎研究まで，さまざまな利用が期待されている．ここでは，細胞機能分子としての糖鎖構造を模倣した合成糖鎖高分子と，細胞間接着分子や増殖因子を模倣した細胞認識性バイオマテリアルの例について解説する．

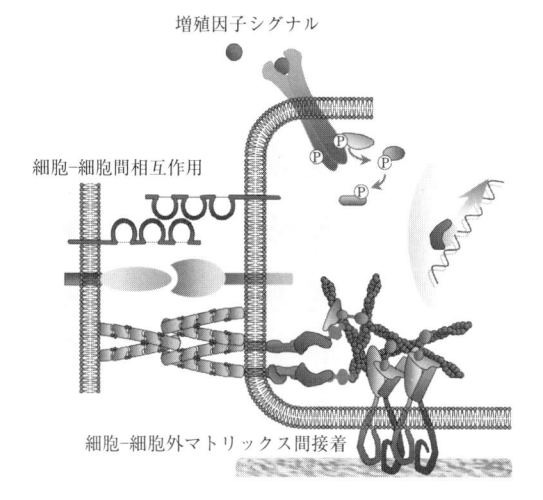

図 11.1 細胞を機能制御するさまざまな分子群．細胞は，増殖因子などの液成因子や細胞間相互作用，細胞外マトリックス間相互作用のさまざまな配向性や安定性をもつ糖鎖やタンパク質分子によって，機能制御されている．

11.2 糖鎖構造を模倣した合成糖鎖高分子

　生体に存在する糖鎖は複雑な糖質によって構成され，細胞の顔として細胞の個性や多様性を決めており，組織や細胞間の認識や情報伝達にかかわっている．つまりこれらの糖鎖は，複雑な構造によって多様な情報を細胞に伝達し，多岐にわたる生物機能を制御している．そこで，このような糖鎖を細胞が発信する情報分子と考えるならば，その受信分子とみなされるのは糖鎖結合分子(レクチン)である．このレクチンは，さまざまな糖鎖情報と細胞の出会いを演出しており，感染や生体防御，免疫，受精，標的細胞への認識，細胞分化，細胞間接着，新生糖タンパク質の品質管理，細胞内選別輸送などに深く関与している(図 11.2)[1,2]．

　生体に存在するレクチンは特定の糖鎖構造を認識し，その糖鎖認識は，単糖での認識よりも糖の集合体構造に対して非常に高い特異性を示すクラスター効果が知られている．このような性質の利用から，レクチンを標的として複雑な糖鎖構造を単純化し模倣したものが，合成糖鎖高分子である．糖鎖構造を単純化し高分子に結合させ糖鎖高分子を設計することは，糖鎖を多価にすることによる特異性と結合活性の大幅な増進が期待できる(図 11.3)．糖鎖高分子による細胞認識は，細胞の機能制御には大きな効果が期待でき，糖鎖認識を介した細胞培養用基材や細胞に対する細菌やウイルスの結合阻害薬の開発，レクチ

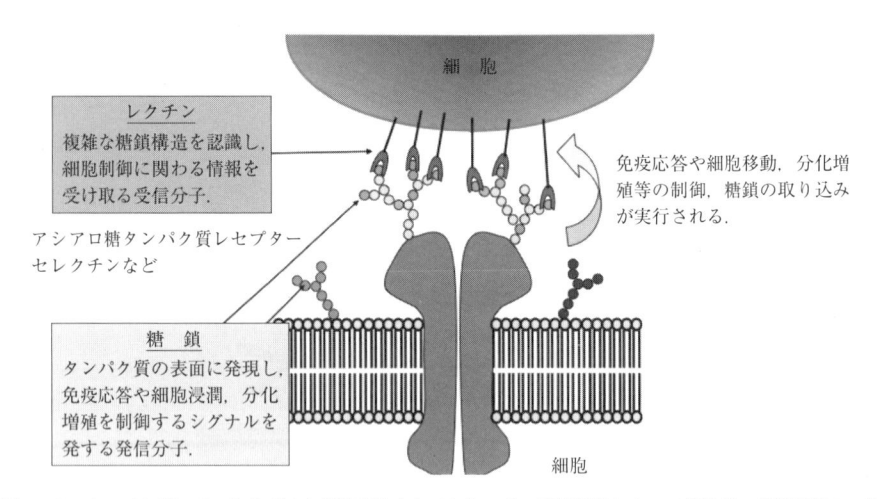

図11.2 タンパク質には，さまざまな糖鎖が結合しており，その糖鎖構造によって細胞間の情報伝達の一部が行われている．その糖鎖を発信分子と考えるならば，その情報を受け取る受信分子はレクチンである．

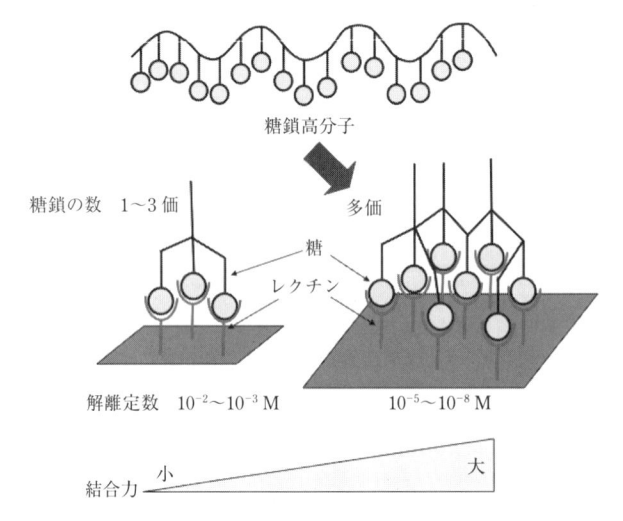

図11.3 糖鎖のクラスター効果．糖鎖とレクチンの相互作用は，糖鎖が多価になればなるほどその結合は強くなることが報告されている．糖鎖を高分子化して多価にすることでより強い相互作用を得ることができる．

ンを発現する組織への薬物輸送システムなどの展開への応用が注目されている[3~5]．

11.2.1 再生医療への応用

糖鎖のクラスター効果を利用する糖鎖高分子の細胞認識に対する代表的な例は，筆者ら

のラクトース結合ポリスチレン（PVLA, poly-[N-p-vinylbenzyl-O-4-β-D-galactopyranosyl-D-gluconamide]）の肝細胞接着に対する特異的培養基材としての開発の報告であろう[6～8]．この報告が，糖鎖高分子の細胞認識能を有するバイオマテリアルへの展開の先駆けとなったといっても過言ではない．PVLA は，ポリスチレン鎖にラクトースをグラフト重合した糖鎖高分子であり，側鎖の末端にガラクトースを有するので，肝細胞のレクチンであるアシアロ糖タンパク質レセプター（ASGPR）に非常によく認識される．また PVLA は，疎水性のポリスチレン鎖と親水性のラクトースから構成されている両親媒性の高分子であるので，疎水性のポリスチレン培養皿に対して強固な吸着が可能である．この性質を利用して，ポリスチレン培養皿にこの PVLA を吸着させた肝細胞特異的培養基材が開発され，以下のように肝細胞のさまざまな機能制御が報告されている．

　通常，生体内では肝細胞などの細胞は，コラーゲンやフィブロネクチンといった細胞外マトリックスからなる基底膜に接着し組織を形作っていると考えられている．肝細胞などの生体から単離した細胞を培養する場合も，肝細胞はコラーゲンなどの細胞外マトリックスを被覆した培養皿で培養されている．しかしながら，肝細胞は生体内環境に近いはずのコラーゲン上で培養されても，その生存は 1 週間程度であり，またアルブミン合成能や薬物代謝能も急激に低下することが知られている．このような状況のなかで，肝細胞について PVLA を吸着させた肝細胞特異的培養基材で培養すると，肝細胞はこの培養基材に対して ASGPR を介して接着して培養できることが明らかになった．さらに，この PVLA の培養皿の吸着量を変化させた培養皿で肝細胞を培養すると，その培養形態が大きく変化することが見いだされている．PVLA を低濃度の吸着状態で培養すると，コラーゲン上で培養したように細胞が薄く広がった伸展状態で培養されるが，高濃度の場合は，細胞が伸展せず球状の状態で培養されることが明らかになった．そして，球状の状態で培養された肝細胞は，伸展状態で培養されたものよりも肝細胞のもつ機能が長く維持されることが明らかになった．つまり，PVLA の高濃度状態で培養されると，より生体組織に近い球状で培養されることにより，高い機能維持を実現できる培養状態が可能になった（図 11.4）．細胞は進展した状態で培養されるのが一般的であった．しかし，この高濃度 PVLA 培養によって見いだされた球状での培養は，進展状態よりも球状のほうが細胞の機能維持に効果的であるという，新しい概念を生み出すきっかけとなった発見であった．

　組織工学を用いる再生医療に対して，細胞から組織を構築していくことが課題としてあげられる．この組織構築には三次元的な足場が必要で，この足場にいかにして細胞を接着させ組織化するか，ということが重要である．PVLA は両親媒性であるので，通常細胞が相互作用しにくい疎水性の強いナノファイバーやフィルムに対しても，容易に吸着させることができる．このため，これらの素材に PVLA を被覆しておけば，肝細胞を短時間で効率よく接着させることが可能になり，ナノファイバーやフィルムを使った三次元的な培養

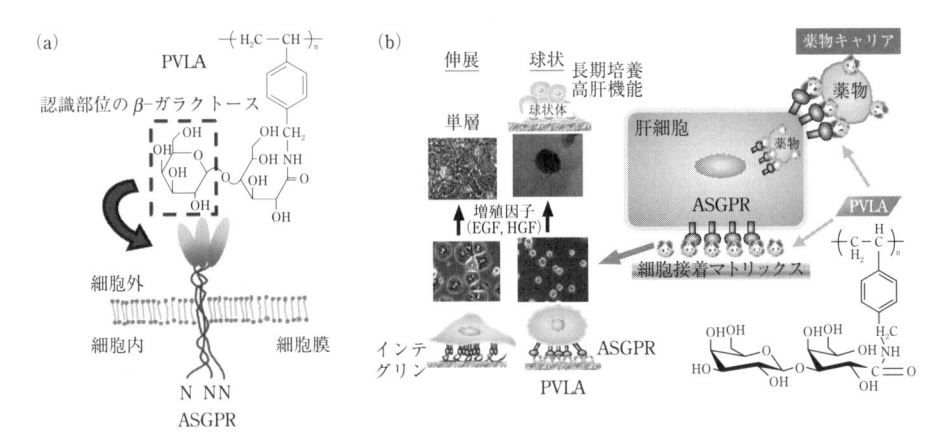

図 11.4 (a) アシアロ糖タンパク質レセプター (ASGPR) と PVLA との相互作用. (b) 肝細胞への PVLA 肝特異的培養基材による機能制御.

系の構築が容易になってくる．PVLA は，肝細胞を接着させる補助材料と分化維持材料として，その応用性は大いに期待される．

PVLA を用いる再生医療の応用例として，ASGPR への PVLA の認識能を利用した細胞分離があげられる．これは，肝細胞の成熟度と ASGPR の発現量の相関に着目し，ASGPR 低発現肝細胞である増殖性の高い未分化な肝細胞を，PVLA に対する接着性の違いを利用して，肝細胞集団から分離するものである．未分化で増殖性の高い肝細胞は PVLA に対する接着性が弱い．このことから，PVLA に接着しにくい肝細胞を回収することで，選択的に未分化な肝細胞を得ることができる．これらの肝細胞は，肝障害に陥った肝臓に移植することで，効率的に増殖し肝再生を補うことが明らかになり，肝細胞移植療法の有効な細胞源を得る手段として報告されている (図 11.5)[9].

11.2.2　DDS への応用

PVLA は，末端にガラクトースを有する糖鎖高分子で，肝細胞の機能制御には非常に有効な材料である．ガラクトース以外にもさまざまな糖鎖をもつ糖鎖高分子が設計されており，これらの糖鎖高分子の細胞相互作用もたいへん興味深い．近年筆者らは，N-アセチルグルコサミンを末端にもつ糖鎖高分子 (PVGlcNAc, poly[N-p-vinylbenzyl-O-2-acetoamide-2-deoxy-β-D-glucopyranosyl-(1→4)-2-acetoamide-2-deoxy-β-D-gluconamide]) が，心筋細胞をはじめとする間葉系細胞において高い相互作用をもつことを明らかにしている．これは，これらの細胞において ASGPR のようなレクチン様のレセプターが存在することを示唆している．いままでにこれらの細胞が GlcNAc に相互作用するという事実はなく，PVGlcANc のような糖鎖高分子によってはじめて明らかにされた事実であ

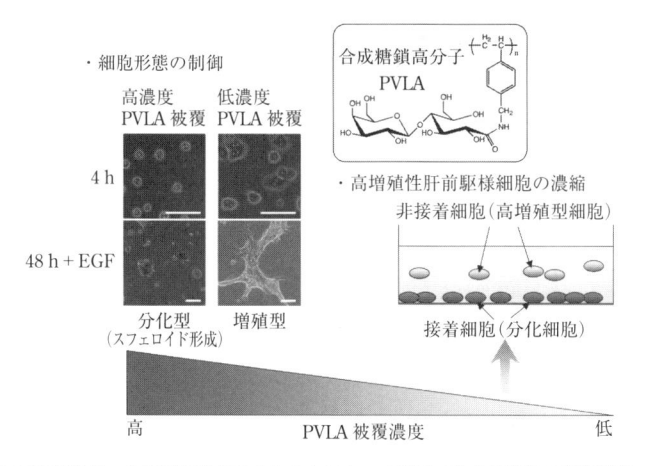

11.2 糖鎖構造を模倣した合成糖鎖高分子

図 11.5 PVLAの培養基材への被覆濃度を変えることによって実現できる肝細胞の機能制御．高濃度での被覆では，分化制御が実現できる．また低濃度では，分化状態の異なる肝細胞の分離が実現できる．

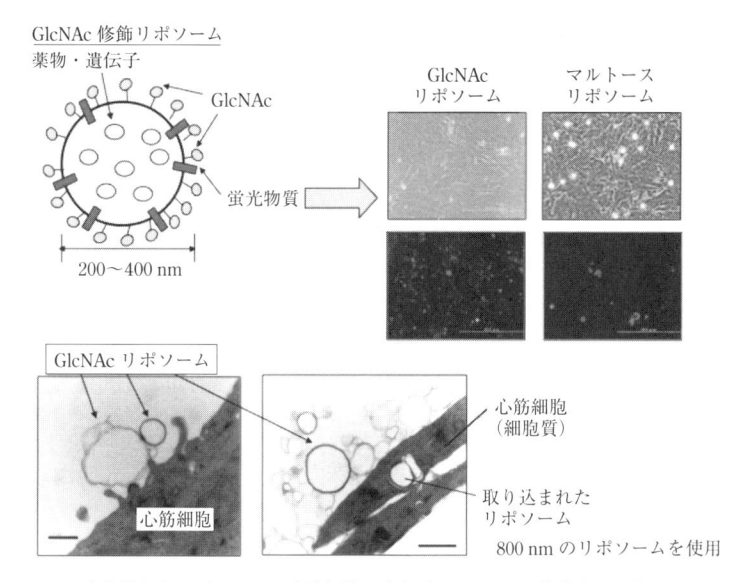

図 11.6 GlcNAcを修飾したリポソームの心筋細胞の取り込み．GlcNAc修飾することでリポソームが心筋細胞によく取り込まれている．

る．このことから，PVLAと肝細胞との相互作用と同様に心筋細胞などへの機能制御が期待できる[10]（図11.6）．

組織工学のための培養基材としての利用だけでなく，この糖質高分子の両親媒性を利用

して，薬物や遺伝子を肝臓に特異的に輸送するDDSの開発も数多く報告されている．DDSは，開発されてくる薬，もしくは既存の薬の薬理効果を薬が必要とされる部位で最大限に作用させうるための体系として研究されている．薬の拡散による副作用を最小限に抑えること，つまりは，DDSの技術を用いる薬物輸送の最適化が，薬理効果を最大限に引き出す要点である．薬には，酵素によって受ける不必要な分解や排泄機構からの回避が必要であり，副作用を抑制するための患部への特異的輸送，徐放制御などを達成する必要がある．すなわちDDSの技術には，患部のみへ輸送し，必要な時間に必要量の放出をさせるといった，薬効発現に関する時空間制御が求められるが，細胞認識機能性バイオマテリアルはこの課題を乗り越える可能性が大いに期待できる．

　このバイオマテリアルを用いるDDSは，パッシブターゲッティング法とアクティブターゲッティング法に分けられる．がん組織にみられる血管透過性を利用するパッシブターゲッティング法によるDDSでは，高分子ドラッグキャリヤーの粒子径を制御することで，体内を循環している間に，徐々に標的組織に集積させる方法である．しかしながら，標的組織に集積するものの，標的細胞内への薬物輸送効率において不明瞭な点があり，組織内で薬物が放出されても，再度血流に乗って生体を循環してしまう可能性も否定できない．したがって，パッシブターゲッティングによって標的組織に集積したのちに，細胞に効果的に認識され取り込まれるアクティブターゲッティング法を組み合わせることが理想である．このアクティブターゲッティング法の開発において，細胞認識機能性バイオマテリアル，すなわち糖鎖高分子は強力な手段となりうるだろう．PVLAは，主鎖が疎水性のポリスチレン骨格であり，側鎖が親水性のガラクトースを修飾しているため，両親媒性高分子として水中で高分子ミセルを形成することがわかっている．糖鎖を有する特性として，通常はその親水性のため，さらには中間水構造のために，その他の細胞認識や非特異的な吸着から保護するといったステルス性も有している．また，ミセル形成時の親水性部位である側鎖のガラクトースは，上述したように肝細胞中のアシアロ糖タンパク質レセプターのみに認識され，結合すると肝細胞内にエンドサイトーシスによって取り込まれる．したがって，高分子ドラッグキャリヤーとしてPVLAを機能化することで，肝特異的なアクティブターゲッティング型ドラッグキャリヤーとして期待できる．

　図11.7は，放射線同位体である^{125}Iによって標識したPVLAをラット尾静脈に投与したラット断面図である．PVLAを投与後15分で投与量の約60％が肝臓に集積し，胃には1.91％，小腸に3.35％，血液に3.08％であり，その他の組織では1.00％以下であることを報告した[11]．とくに，網内系の肺や脾臓に対して分布が0.2％以下と低いことから，DDSへの応用に非常に有用であると示唆する結果である．

　前述した心筋細胞に対して高い相互作用をもつPVGlcNAcも，心筋細胞を標的としたDDSへの応用が報告されている．これは，PVGlcNAcにアルキル鎖を導入し疎水的相互

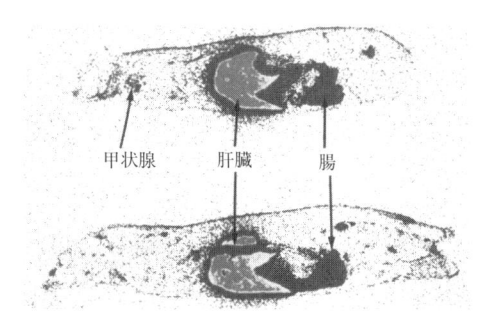

図 11.7 [125]I ラベルした PVLA の血中動態．多くの PVLA が肝細胞に集積している．

作用を高めたものをリポソーム表面に被覆して，心筋細胞へのリポソームのアクティブターゲッティングを実現したものである．この PVGlcNAc のリポソームへの被覆により，通常取り込まれにくい 800 nm のリポソームでも心筋細胞内に取り込まれていることを透過型電子顕微鏡で明らかにしている．このようなことから，心筋組織へのアクティブターゲッティングが期待できる（図 11.6 参照）．

このほかにも，マクロファージに存在するマンノース結合レクチンや，肝類洞内皮細胞に存在するヒアルロン酸結合レセプターなどを標的とする，ポリリジン鎖を主鎖とする糖鎖高分子も設計され，DDS の開発が進んでいる．このようなことから，糖質高分子は細胞認識において，生体のレクチンを標的とする場合にクラスター効果を十分に発揮できるために高い特異性と結合力を示すことができ，DDS の開発にはたいへん有効な手段となりうるだろう．

またさらなる展開として，糖鎖高分子は未知の細胞機能の解明を主とした基礎研究においても有効な手段となる．さまざまな糖鎖高分子を設計して糖鎖マイクロアレイを作製することで，生体に存在する新しいレクチンの探索も期待できる．新たな生体に存在するレクチンが見つかれば，そのレクチンを標的とする特異的な糖鎖高分子の設計が可能になり，DDS や感染の防御などに対する薬物の開発が期待できる．今後の方向性として，さまざまな糖鎖高分子の開発から新たな生体のレクチンの探索や機能解明，そしてレクチンを標的とする薬物の開発が期待されるだろう．

11.3 細胞間接着分子や増殖因子を模倣したバイオマテリアル

生体内に存在する細胞の多くは，細胞外マトリックスとよばれる足場との接着，細胞どうしの相互作用，増殖因子やサイトカインなどの液性因子からの刺激を受けて，機能の発現や組織の維持を行っている（図 11.1 参照）．これらの機能分子の活性部位のみを模倣し

たタンパク質を作製し，別の機能をもつタンパク質と組み合わせれば，通常の機能分子とは異なる安定性や機能，配向性を与えることができる．細胞外マトリックスとして知られるコラーゲンやフィブロネクチンは，細胞のインテグリンとよばれる分子によって認識され，細胞に強い接着をもたらす．このインテグリンに認識されるコラーゲンやフィブロネクチンの認識部位は，アルギニン-グリシン-アスパラギン酸(RGD)のトリペプチド配列であることが報告されている．この RGD 配列を，さまざまな分子やバイオマテリアルに組み込み細胞相互作用を増加させることで，より効果的な多機能性のバイオマテリアルに改変することも行われている．また，RGD 配列を基板上に固定することで，人工マトリックスとして細胞接着機材を得ることもできる．たとえば，合成高分子の特性を利用するシートエンジニアリング[12]や，RGD 配列を共有結合により固定化しパターニングを組み合わせることによる細胞の機能制御も検討されている[13〜15]．

細胞の機能は，足場となる細胞外マトリックスだけではなく，細胞間相互作用や増殖因子などによっても制御されている(図 11.1 参照)．細胞間の相互作用には，カドヘリンをはじめとする細胞間接着分子や，Eph-ephrin[16]，Notch-Delta[17]などの相互作用によるシグナル伝達，HB-EGF[18]などの膜や糖鎖に結合した増殖因子からの刺激など，多岐にわたる．また，増殖因子やサイトカインによる刺激は，溶液中で作用する場合だけではなく，細胞表面の糖鎖に結合，あるいはおもに細胞外マトリックスで構成されている基底膜に結合した状態で作用する場合があると考えられており，遊離した状態と固定された状態では，細胞に与えるシグナル強度や持続時間が異なることが示唆されている．このように，細胞間相互作用や増殖因子などの刺激が時空間的に制御されることによって，より精緻な細胞機能の制御が行われている．このような機能分子の活性部位を模倣した細胞認識機能性バイオマテリアルの設計手段として，遺伝子工学を利用する融合タンパク質によるものが報告されている．

細胞認識機能性バイオマテリアルを遺伝子工学による融合タンパク質を利用して作製することは，その機能分子の活性部位と別の機能をもつ分子の機能部位を組み合わせて，さまざまな機能をもつ分子を自由に設計できる利点がある．

筆者らは，IgG(immunoglobulin G)の Fc ドメインとさまざまな機能分子の活性部位を組み合わせた融合タンパク質を設計し，細胞の機能制御を報告している(図 11.8)[20]．IgG の Fc ドメインは，疎水性が高いためにポリスチレン上において強い吸着活性をもっている．このため融合した活性部位を，細胞のほうへ高い配向性を維持したままポリスチレンをはじめとする疎水性の培養基材に吸着させることができ，高い安定性と配向性を与えられることから，通常の機能分子と比べて効果的な細胞の機能制御が期待できる．

細胞間の接着は，上皮系の細胞では E-カドヘリンが知られているが，この分子の細胞外ドメインと Fc ドメインとを融合した E-カドヘリン-Fc は，胚性幹細胞(ES 細胞)用の

11.3 細胞間接着分子や増殖因子を模倣したバイオマテリアル

マトリックス工学

人工マトリックス
細胞認識性をもたせ，シグナルを伝達できる人工材料

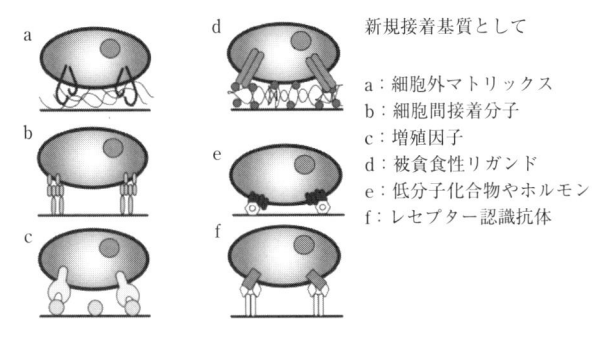

新規接着基質として

a：細胞外マトリックス
b：細胞間接着分子
c：増殖因子
d：被貪食性リガンド
e：低分子化合物やホルモン
f：レセプター認識抗体

図11.8 細胞認識機能性バイオマテリアルの設計概念．接着分子や増殖因子などの活性部分を模倣して基材固定型のバイオマテリアルを設計する．

培養基材として注目されている[19]．これは，細胞間に存在するE-カドヘリンを細胞外マトリックス様の接着分子として機能させたものであるが，この融合タンパク質上でES細胞を培養して，細胞どうしの，また細胞増殖因子の活性部位とこのFcドメインとの融合タンパク質も検討されている．細胞増殖因子は，細胞より分泌されて分泌型として作用するものや，溶液中に分泌されずに細胞膜や細胞外マトリックスに固定化される結合型のものが，報告されている．このような分子は，同じ分子でも分泌型と結合型では細胞に及ぼす影響が大きく異なることが知られており，結合型の場合は細胞に取り込まれにくいために分解性が低く安定性や配向性が高いことから，細胞へのシグナルが持続することが考えられている．

このようなことから，上皮増殖因子(EGF)やマウスES細胞の未分化性維持因子として知られるLIFなどとFcドメインの融合タンパク質の細胞機能制御が，報告されている[20]．LIF-Fc融合タンパク質では，培養基材に固定化することでES細胞の未分化性維持に有効であることも報告されている．多くの細胞は，足場となる細胞外マトリックスとの接着，細胞どうしの相互作用，細胞周辺に存在するさまざまな液性因子からの刺激に応答して，特異的な機能発現や細胞の性質を変化させている．しかしながら，そのようなシグナル経路の詳細や複数のシグナルどうしのクロストーク(cross-talk)に関してはまだ未解明な部分が数多く残されており，これまで推測されている機能・機構のほかにも未知な機構の存在が示唆されている．個々の分子自身の機能を知ることではじめて見えてくる現象もあり，そのような個々の分子の機能から全体を構築することが，本来の機能を解明するうえで重要な意味をもつと考えられる．細胞間相互作用のように，常に多種類の分子が

シグナルを伝えている場合,目的の分子のみの機能を純粋に解析することは非常に困難なうえ,目的の分子のみの分子認識を利用してシグナルを解析する方法はほとんど報告されていない.そのため,細胞間接着分子の固定表面を用いることではじめてES細胞の新たな側面を見いだすことができたのが事実であり,従来のどのような手法でも今回の報告のような現象を発見することはできなかった.そのため,目的の分子を細胞が接着しうる接着マトリックスとして利用することで,さらに新しい知見を得ることが期待される.遺伝子工学を応用する利点は,細胞間接着分子だけではなく,増殖因子などの直接には細胞間接着にはかかわらない分子を固定化し,接着マトリックスとして応用できる点にあり,さらに数種類のシグナルを組み合わせることも実現することが可能となる.さらに,作製したモデルタンパク質はすべて同様な手法により固定化が可能であるので,固定化する割合を制御することが容易であり,また,マイクロパターン技術を用いることで,より精密なシグナル伝達の制御へも応用の可能性が広がる.また,遺伝子工学的な手法を用いて作製しているため変異の導入も容易であり,天然のタンパク質に新たな機能を付加してより性能のよいシグナル分子の創成や,プロテアーゼ切断部位の導入により刺激を与える時間を制御するなど,さまざまなアプローチによる応用展開が期待される.

11.4 おわりに

このように,さまざまな機能性リガンドを,細胞の分子認識を制御しうる細胞認識機能性バイオマテリアルとして設計・創成することで,細胞の受容体へのそのリガンドの高い安定性や配向性が実現でき,細胞運動や増殖・分化機能維持などの細胞の機能制御への効果的な生理活性が期待できる.また,特定の受容体をもつ細胞に対して,その分子を模倣してバイオマテリアルを設計すれば,さまざまな細胞集団からその細胞を標的とすることや分離が可能である.さらに細胞認識機能性バイオマテリアルは,その配向性や生分解性,安定性が生体に存在する分子とは大きく異なることから,単にその機能を模倣するだけではなく,いままで知られていなかった細胞応答を誘導させることが可能になり,未知の細胞の機能制御機構の解明と新たな細胞制御が実現できるだろう.したがって,細胞認識機能性バイオマテリアルは,細胞機能を解析する基礎的な研究から,将来的には再生医療を目的とした応用的な研究まで,多岐にわたる分野への貢献が期待される.

引用文献

1) ナタン・シャロン,ハリナ・リス(山本一夫,小浪悠紀子訳),レクチン,シュプリンガー・フェアラーク東京(2006)
2) 永井克孝監修,未来を拓く糖鎖化学,金芳堂(2005)

3) W.I. Weis, K. Drickamer, *Annu. Rev. Biochem.*, **65**, 441 (1996)
4) M. Nishikawa, *Biol. Pharm. Bull.*, **28**, 195 (2005)
5) M. Monsigny, A.C. Roche, P. Midoux, R. Mayer, *Adv. Drug Deliv. Rev.*, **14**, 1 (1994)
6) K. Kobayashi, A. Kobayashi, T. Akaike, *Methods Enzymol.*, **247**, 409 (1994)
7) K. Kobayashi, T. Akaike, T. Usui, *Methods Enzymol.*, **242**, 226 (1994)
8) A. Kobayashi, M. Goto, K. Kobayashi, T. Akaike, *J. Biomater. Sci. Polym. Ed.*, **6**, 325 (1994)
9) H. Ise, T. Nikaido, N. Negishi, N. Sugihara, F. Suzuki, T. Akaike, U. Ikeda, *Am. J. Pathol.*, **165**, 501 (2004)
10) S. Aso, H. Ise, M. Takahashi, S. Kobayashi, H. Morimoto, A. Izawa, M. Goto, U. Ikeda, *J. Control. Release*, **122**, 189 (2007)
11) M. Goto, H. Yura, C.W. Chang, A. Kobayashi, T. Shinoda, A. Maeda, S. Kojima, K. Kobayashi, T. Akaike, *J. Control. Release*, **28**, 223 (1994)
12) T. Shimizu, M. Yamato, A. Kikuchi, T. Okano, *Biomaterials*, **24**, 2309 (2003)
13) C.J. Flaim, S. Chien, S.N. Bhatia, *Nat. Methods*, **2**, 119 (2005)
14) D.R. Albrecht, G.H. Underhill, T.B. Wasserman, R.L. Sah, S.N. Bhatia, *Nat. Methods*, **3**, 369 (2006)
15) M. Nakajima, T. Ishimuro, K. Kato, I.-K. Ko, I. Hirota, Y. Arima, H. Iwata, *Biomaterials*, **28**, 1048 (2007)
16) E.B. Pasquale, *Nat. Rev. Mol. Cell Biol.*, **6**, 462 (2005)
17) S.J. Bray, *Nat. Rev. Mol. Cell Biol.*, **7**, 678 (2006)
18) R. Iwamoto, E. Mekada, *Cell Struct. Funct.*, **3**, 11 (2006)
19) M. Nagaoka, U. Koshimizu, S. Yuasa, F. Hattori, H. Chen, T. Tanaka, M. Okabe, K. Fukuda, T. Akaike, *PLoS ONE*, **1**, e15 (2006)
20) M. Nagaoka, Y. Hagiwara, K. Takemura, Y. Murakami, J. Li, S.A. Duncan, T. Akaike, *J. Biol. Chem.*, **283**, 26468 (2008)

12 医薬関連化合物の合成

12.1 はじめに

ここでは，キニーネ(抗マラリア剤)，テトラヒドロカンナビノール(THC，鎮痛剤)，および近年注目されているエポキシイソプロスタン・ホスホコリン(酸化脂質)について，医薬品開発における意義と有機合成について概説する．これに関連して，2005年の"Chemical & Engineering News"に特集号として出た"TOP Pharmaceuticals"の参照を推薦したい[1]．市販の薬の中から選んだ46種類について解説がなされており，この中にキニーネとTHCも含まれている．

12.2 キニーネ

マラリアは世界の三大感染症の1つであり，感染者数は年間2～3億人，犠牲者は200万人以上と推定されている．マラリアは熱帯地方に特有の疾患であるが，地球温暖化に伴いマラリア原虫を伝搬する蚊(ハマダラカ)が北上してくる可能性や，航空機などに紛れて運ばれてくる可能性も考えられる．キニーネは古くから知られていた抗マラリア剤であったが，ヒト体内で速やかに代謝されるため効き目が弱い．そのため，キニーネに勝る抗マラリア剤がいくつも開発されてきた(図12.1)．しかし，これらの薬剤に対して耐性を示すマラリア原虫が出現したため，新たな薬剤開発が求められている．このようななかで，耐

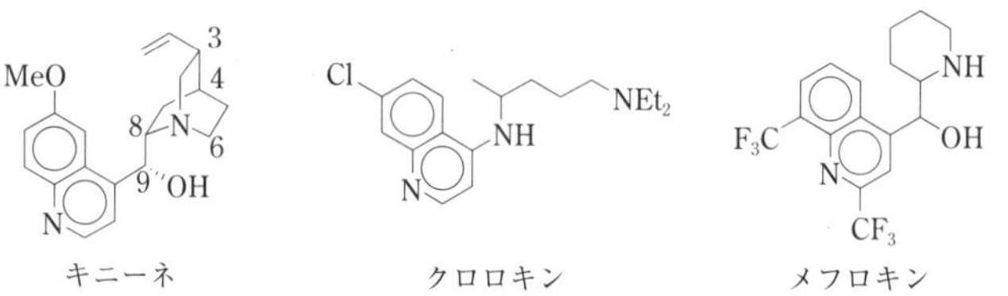

図 12.1 キニーネと抗マラリア剤．

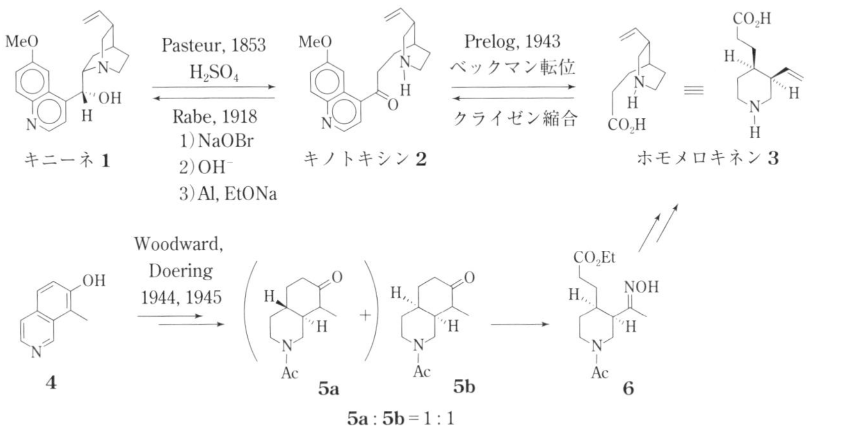

図 12.2 キニーネ合成の初期の研究.

性マラリア原虫の現れていないキニーネが再び注目されだしたが,代謝されにくい工夫(アナログの創製)が必要であることは言うまでもない.この節では,はじめに100年におよぶキニーネ合成の歴史の中でとくに重要と思われる合成法をあげ,そのあとで最近発表された立体選択的な合成法について解説する[2].

1918年Rabeは,キニーネ**1**を分解して得たキノトキシン**2**から**1**を合成したと発表した(図12.2)[3].1943年Prelogは,**2**を分解して得たホモメロキネン**3**から**2**に戻す方法を発表し(図12.2)[4],上述したRabeの変換を引用して**1**の形式的合成を達成したと結んだ.翌年Woodwardは,イソキノリン**4**から**3**を合成し,それを**2**に変換した(図12.2)[5].しかし,Rabeの論文に**2**から**1**への変換の立体選択性と収率に関する記載はなく,**2**を合理的な合成前駆体として捉えてよいものかどうか評価の分かれるところであった.ようやく2008年になって**2**から**1**への変換が再検討された[6].しかし,立体選択性も収率も低く(**1**:ジアステレオマー=1:1,合わせて約30%),上述したPrelogとWoodwardの合成法の価値を高めるには至らなかった.

1970年代に入ってUskokovicは,オレフィン**7**を加熱してキヌクリジン環をもつデオキシ体**8a**とその異性体**8b**を1:1の混合物として得た.そして,カラムクロマト分離したデオキシ体**8a**を酸素酸化してキニーネ**1**を立体選択的に合成した(図12.3)[7].この成果によって,不斉炭素の1つ少ない**8a**がキニーネ合成の新たな標的化合物になった.

2001年G. Storkは,図12.3のデオキシ体**8a**を立体選択的に合成し,さらに**8a**の酸素酸化も行い,キニーネの立体選択的な合成を初めて達成した(図12.4)[8].鍵となるのはイミン**10**のNaBH$_4$還元であるが,アミノアルコール**11**(R = H)のメシル化が,予想とは逆に水酸基で選択的に進行している点も,この合成の鍵となっている.

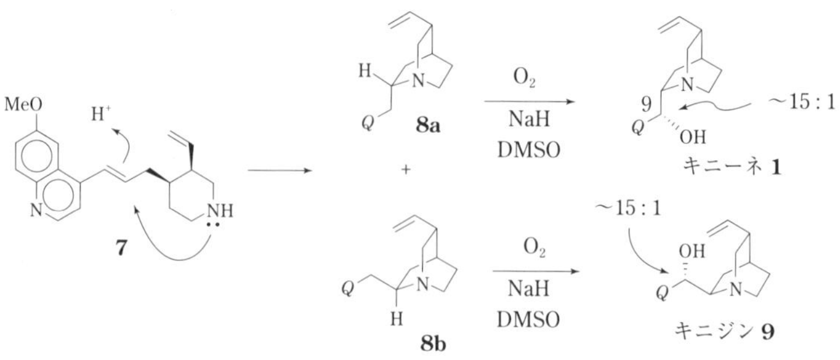

図 12.3 Uskokovic のキニーネ合成.

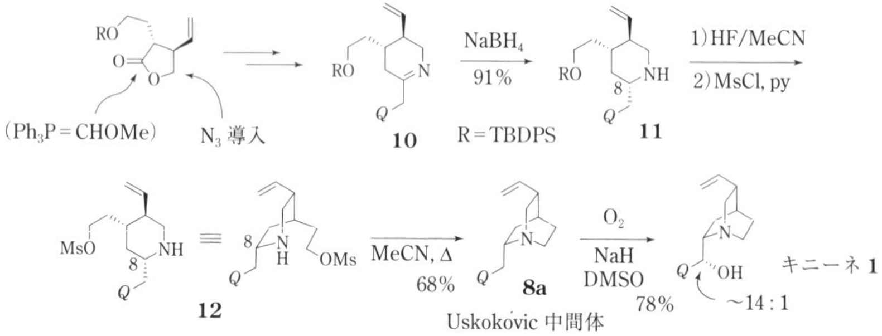

図 12.4 Stork のキニーネ合成.

その後(2004 年)Jacobsen と筆者らのグループは,オレフィン **7a**, **7b** からエポキシド **13a**, **13b** を立体選択的に構築し,この中間体から N 原子の脱保護と環化によるキヌクリジン環の構築を行い,キニーネの立体選択的な合成に成功した(図 12.5)[9,10]. さらにエポキシド **14a, b** を経由して,キニーネとジアステレオマーの関係にあるキニジン **9** も合成した.その後,条件設定と操作に気を使う必要のあった N 原子の保護基(Cbz, Bz)を見直し,最終的に Teoc(2-(トリメチルシリル)エトキシカルボニル)基($CO_2CH_2CH_2SiMe_3$)に落ち着いた.この保護基は CsF を入れて加熱するだけで除去でき,しかもその条件下で環化まで進行した[10b]. なお,保護基に由来する残留物はなく,精製は容易であった.また,反応系を無水にする必要もなく,操作は簡単である.

Jacobsen と筆者らは,互いに異なる方法でオレフィン中間体 **7a, b, c** の合成を行っているが,立体選択性の点で筆者らの方法が勝っている.次に **7c** の合成について述べる.

オレフィン **7c** はピペリジン環からみれば,3,4-ジ置換ピペリジンとみなせる.しかし,筆者らがこの研究を行っていた 2003 年当時,ピペリジン環上に側鎖を立体選択的に導入する手頃な方法はなかった.そのころ筆者らの研究室では,両エナンチオマーとも容易に

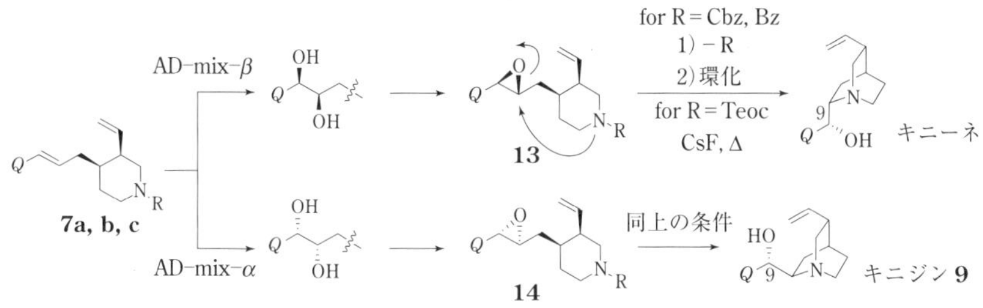

ピペリジン N 原子上の R

a, Cbz(CO_2CH_2Ph)　Jacobsen

b, Bz(COPh)　Kobayashi(初合成)

c, Teoc($CO_2CH_2CH_2TMS$)　Kobayashi(改良法)

図 12.5　エポキシドを経由するキニーネとキニジンの合成.

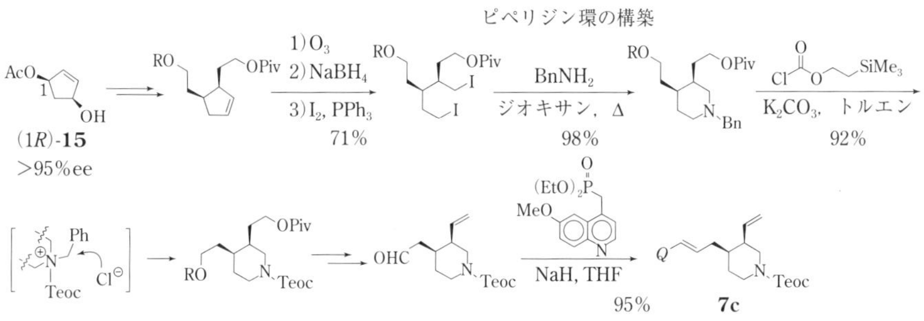

R = TBDPS(t-$BuPh_2Si$)；Piv = t-BuC(=O)

図 12.6　キニーネ中間体の合成.

入手できる五員環モノアセテート(図 12.6 の **15**)にアルキル基，アルケニル基，アリール基(芳香環)を導入するアリル化反応を開発していた[11]．そのような背景から，筆者らはこのアセテートに置換基を２つ導入し，五員環上のオレフィンを切断後，アミンと反応させてピペリジン環を構築する合成法を確立した(図 12.6)．

アリル化反応を使ってキヌクリジン環上のビニル基を他の置換基(立体は逆も可)に変えたアナログも合成できた．キニーネはビニル基と隣接炭素が酸化されて活性を失うが，合成したアナログは立体障害や立体配置が異なるため，酸化されにくくなっていると考えている．

12.3 テトラヒドロカンナビノール

カンナビノイドは大麻に含まれる60種類以上の化学物質の総称であり,主成分はテトラヒドロカンナビノール(THCもしくはΔ^9-THC),カンナビノール(CBN),カンナビジオール(CBD)である(図12.7).この中で,THCは最も強く精神神経反応と鎮痛作用を引き起こす[12].現在,オピオイド系薬剤による治療で効果のみられない末期がん患者の疼痛治療に適していると考えられている.一方で,THCの精神神経反応と鎮痛作用の作用分離をめざした研究が活発である.

Δ^9-THCは酸性条件下,二重結合が隣に移動し,活性の弱いΔ^8-THCになる.Δ^9-THCとΔ^8異性体とのカラムクロマト分離や再結晶による分離は効率が悪いため,異性体を生じない合成法のデザインが求められている.

筆者らは,(−)-ノピノンから合成したα-ヨードケトン**16**にEtMgBrを反応させて反応性の高いマグネシウムエノレートアニオンを調製し,これにClP(O)(OEt)$_2$を加えて**17**を合成した(図12.8)[13].続いて,Ni触媒存在下でRMgClを反応させると,MeあるいはCH$_2$SiMe$_2$(O^{i}Pr)を有する中間体を生じた(MeMgClの場合,生成物は**18**).後者を玉尾酸化すると,CH$_2$OHをもつΔ^9-THCの代謝産物に変換できた.同様にして,イソプロペニル基をもつ化合物やそのアルケニル誘導体も合成した.

内因性リガンド

アナンドアミド(CB$_1$>CB$_2$)
(チョコレートにも入っている)

2-アラキドン酸グリセロール(CB$_1$≧CB$_2$)

植物由来のリガンド

テトラヒドロカンナビノール
(Δ^9-THC)
(マリファナの主たる活性成分)

Δ^9-THC アルコール
(R=CH$_2$OH)
Δ^9-THC 酸
(R=CO$_2$H)

カンナビノール
(CBN)

カンナビジオール
(CBD)

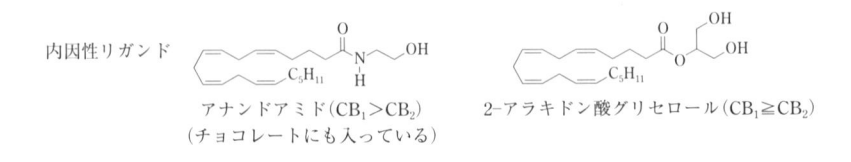

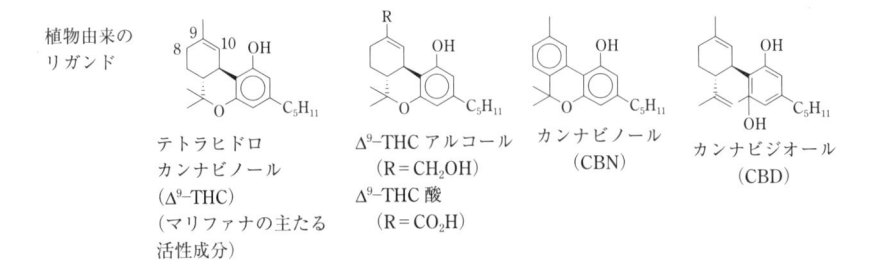

図12.7 中枢神経作用分子.

図 12.8 Δ^9-THC の合成.

12.4 エポキシイソプロスタン・ホスホコリン

コレステロールと中性脂肪（トリグリセリド）は，細胞や臓器にとって必要な成分であり，低密度リポタンパク質（LDL，図 12.9）の成分として血液に混じって細胞に運ばれる．逆に，細胞で余ったコレステロールは高密度リポタンパク質（HDL）によって回収され，肝臓に戻される．ところが，脂肪分の多いものを好んで食べると血中の LDL が増え，これが酸化されて"酸化 LDL"に変性し，動脈硬化が始まる．動脈硬化が血管内腔へ向かって大きくなると血管が詰まり，脳梗塞，心筋梗塞，間欠性跛行症（かんけつせいはこうしょう）を招き，一方外側に向かうと，大動脈瘤（りゅう）のようにコブができて血管破裂のおそれが出てくる．

酸化 LDL から，LDL を構成している脂質中の不飽和カルボン酸部位が酸化された化合物が見つかっている（図 12.10）[14]．これらは炎症性タンパク質の産生を活発にすることから，動脈硬化の原因物質であるとされている．

しかし，立体化学は不明であり，合成法もなかった．筆者らは，エポキシ IPA_2 の可能な２つのジアステレオマーを合成する方法を開発し，文献の ^1H NMR スペクトルと比較

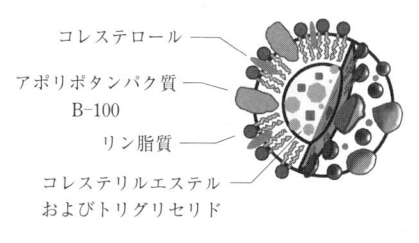

図 12.9　LDL（悪玉コレステロール）の構造.

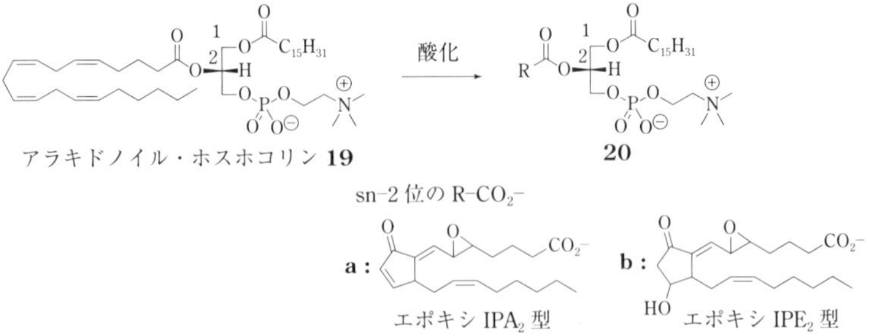

図12.10 LDLに含まれるアラキドノイル・ホスホコリンの酸化.

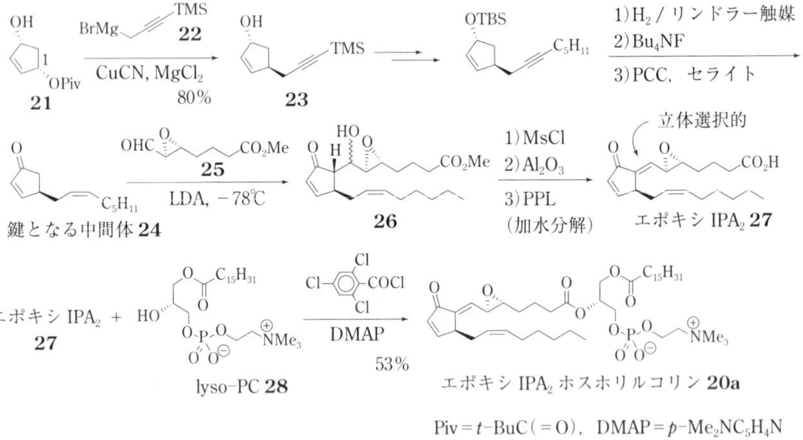

図12.11 エポキシイソプロスタンA_2ホスホリルコリンの合成.

して立体化学を決定した．そして，これにlyso-PC(リゾホスファチジルコリン)を縮合させてエポキシIPA_2ホスホリルコリン**20a**の合成を達成した(図12.11)[15]．

この合成法の中で鍵となる反応は，エノン**24**とアルデヒド**25**とのアルドール反応である．エノン**24**は，アリルエステル**21**にプロパルギル試薬**22**/$CuCN$/$MgCl_2$を反応させて合成した**23**[16]のアセチレン末端に$C_5H_{11}Br$をアルキル化し，続いて酸化して合成した．エノン**24**とアルデヒド**25**とのアルドール反応はTHF中，$-78°C$で良好に進行し，アルドール**26**をanti/synの混合物として与えた．続いて水酸基をメシル化しAl_2O_3を作用させると，立体選択的にエポキシIPA_2 **27**に変換できた．lyso-PC **28**との縮合は，マクロライド合成用に開発された$Cl_3C_6H_2COCl$(山口試薬)が有効であった．

12.5 おわりに

動脈硬化の原因物質の供給が可能になったことで，この因子と特異的に結合する抗体の開発，その抗体を使う動脈硬化診断法の開発，この因子を含む酸化 LDL モデルの作成，試験管内での生化学的研究などが進展すると考えられる．

引 用 文 献

1) *Chem. Engin. News*, June 20 (2005)
2) 小林雄一，糸山毅，有合化，**65**, 598 (2007)
3) P. Rabe, K. Kindler, *Chem. Ber.*, **51**, 466 (1918)
4) M. Prostenik, V. Prelog, *Helv. Chim. Acta*, **26**, 1965 (1943)
5) a) R.B. Woodward, W.E. Doering, *J. Am. Chem. Soc.*, **66**, 849 (1944)；b) R.B. Woodward, W.E. Doering, *J. Am. Chem. Soc.*, **67**, 860 (1945)
6) A.C. Smith, R.M. Williams, *Angew. Chem. Int. Ed.*, **47**, 1736 (2008)
7) a) J. Gutzwiller, M.R. Uskokovic, *Helv. Chim. Acta*, **56**, 1494 (1973)；b) J. Gutzwiller, M.R. Uskokovic, *J. Am. Chem. Soc.*, **100**, 576 (1978)
8) G. Stork, D. Niu, R.A. Fujimoto, E.R. Koft, J.M. Balkovec, J.R. Tata, G.R. Dake, *J. Am. Chem. Soc.*, **123**, 3239 (2001)
9) I.T. Raheem, S.N. Goodman, E.N. Jacobsen, *J. Am. Chem. Soc.*, **126**, 706 (2004)
10) a) J. Igarashi, M. Katsukawa, Y.-G. Wang, H.P. Acharya, Y. Kobayashi, *Tetrahedron Lett.*, **45**, 3783 (2004)；b) J. Igarashi, Y. Kobayashi, *Tetrahedron Lett.*, **46**, 6381 (2005)
11) a) K. Nakata, Y. Kiyotsuka, T. Kitazume, Y. Kobayashi, *Org. Lett.*, **10**, 1345 (2008)；b) K. Nakata, Y. Kobayashi, *Org. Lett.*, **7**, 1319 (2005)；c) Y. Kobayashi, K. Nakata, T. Ainai, *Org. Lett.*, **7**, 183 (2005)；d) H. Hattori, A.A. Abbas, Y. Kobayashi, *Chem. Commun.*, **2004**, 884；e) T. Ainai, M. Ito, Y. Kobayashi, *Tetrahedron Lett.*, **44**, 3983 (2003)；f) Y. Kobayashi, M.G. Murugesh, M. Nakano, E. Takahisa, S.B. Usmani, T. Ainai, *J. Org. Chem.*, **67**, 7110 (2002)
12) a) G.A. Thakur, R.I. Duclos Jr., A. Makriyannis, *Life Sci.*, **78**, 454 (2005)；b) V.D. Marzo, M. Bifulco, L.D. Petrocellis, *Nat. Rev. Drug Discov.*, **3**, 771 (2004)
13) a) A.D. William, Y. Kobayashi, *J. Org. Chem.*, **67**, 8771 (2002)；b) Y. Kobayashi, A. Takeuchi, Y.-G. Wang, *Org. Lett.*, **8**, 2699 (2006)
14) a) A.D. Watson, G. Subbanagounder, D.S. Welsbie, K.F. Faull, M. Navab, M.E. Jung, A.M. Fogelman, J.A. Berliner, *J. Biol. Chem.*, **274**, 24787 (1999)；b) J. Berliner, *Vascular Pharmacol.*, **38**, 187 (2002)
15) a) H.P. Acharya, Y. Kobayashi, *Angew. Chem. Int. Ed.*, **44**, 3481 (2005)；b) H.P. Acharya, Y. Kobayashi, *Tetrahedron Lett.*, **46**, 8435 (2005)
16) H.P. Acharya, K. Miyoshi, Y. Kobayashi, *Org. Lett.*, **9**, 3535 (2007)

13 医薬・生体機能分子の未来指向型合成法の開発

13.1 はじめに

 自然にある物質や現象を，単に分析しあるいは解釈するだけにとどまらず，それらを他律的・人工的に応用利用することが，理工学の観点からのバイオ研究では重要となる．バイオ研究の対象はいうまでもなく有機化合物であり，したがって，それら有機分子を必要に応じて改変しあるいは作り上げることが，理工学のさらなる発展を促すことになる．有機化合物の分子を思いどおりに合成する新しい方法の開発は，それまで研究対象としたくても入手不可能と考えられてきた有機化合物を実際に手にとることを可能にし，新しい発想に基づく応用利用を可能にしてきた．このような例は，天然由来の生体機能分子あるいは人工的な医薬の合成など枚挙に暇がない．しかし今日では，ただ既存の手法を組み合わせて作ればよいという時代は終わり，新反応開発を機軸としていかに短工程で効率よく合成するか，いかに安全な試薬を利用しまた不要な廃棄物を軽減するかなど，次世代にふさわしい価値判断がより優先されるべき時期にきている．それゆえ，未来を指向する効率性，経済性，および環境低負荷を満足する新しい有機分子変換法の開発こそが，次世代の実効的な研究を真の意味で推進できる．以下では，「効率性」および「経済性」を重視した未来指向型反応開発の例と，それらを実際に利用した医薬や生体機能分子の合成例を紹介する．

13.2 ワンポット多成分カップリング反応の開発

 一般に有機化合物の合成は，単位反応を組み合わせて分離や精製操作を伴いながら，一歩一歩進められる．しかしながら，図13.1に示すように，多数の基質を次々とワンポットに投入することにより，それらの制御された結合を経て目的物を一度で取得する過程は，実験操作を簡略化すると同時に，用いる試薬や溶媒を減らすことができる．このため，上述の社会的要請に対する1つの実効的な解決策であり，経済的かつ効率的な方法論を提供することになる．

図 13.1 画期的な新規反応—多成分をワンポットで.

　こうした方法論の具体的な場(いわゆるテンプレート)として，金属を中心とするメタラサイクル(M＝金属)を利用する模式図を図 13.2 に示す．すなわち，多数の異なる基質(A-B, FG-C-D, FG＝官能基，‥‥など)をメタラサイクル上で次々に規則正しく配列し反応させれば，目的とする化合物のみを選択的に合成できるワンポット多成分カップリング反応が可能というわけである．

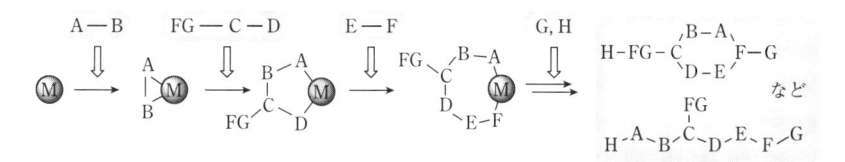

図 13.2 メタラサイクル上でのワンポット多成分反応.

13.2.1 チタン試薬を利用する方法 [1~3)]

　オレフィンやアセチレンなどの炭素-炭素不飽和結合に，$Ti(O\text{-}i\text{-}Pr)_4$ と 2 当量の $i\text{-}PrMgCl$ からなる組み合わせ試薬(図 13.3 では $Ti(O\text{-}i\text{-}Pr)_4/2\,i\text{-}PrMgCl(＝\mathbf{1})$ と表記)を作用させると，チタンのメタラサイクルであるチタナサイクル $\mathbf{2}\sim\mathbf{5}$ が発生する ((13.1)〜(13.4)式)．これらのチタナサイクルは，その原料となるチタン塩が安価にかつ大量に入手でき，かつ毒性がないなどの利点がある．さらに，所期の反応を行ったのちに簡単な処置をするだけで，チタン部分は水層に移行あるいは固形相を形成し，目的物と容易に分離できることも，テンプレートとしての見逃せない利点である．チタナシクロプロペン(**2**, (13.1)式)[4,5)]やチタナシクロプロパン(**3**, (13.2)式)[6,7)]については文献を参照していただき，以下ではチタナシクロペンタジエン(**4**, (13.3)式)とアザチタナシクロペンタジエン(**5**, (13.4)式)の利用例を中心に述べる．

A. チタナシクロペンタジエンの利用

　芳香族化合物は，通常図 13.4 の(13.5)式に示すようにより簡単な芳香族化合物から出発し，求電子付加反応などにより合成される．一方，(13.6)式に示すアセチレンのカップリング反応による芳香族化合物の合成は，レッペ(Reppe)反応として知られ概念的にも実用的にも重要であるが，3 分子の異なる非対称のアセチレンをランダムに反応させると，計

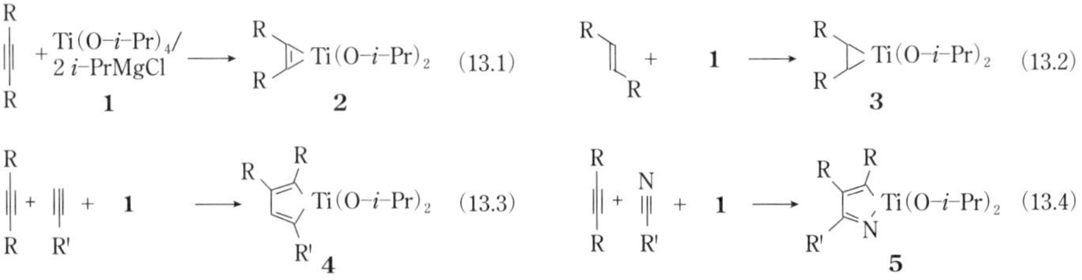

13 医薬・生体機能分子の未来指向型合成法の開発

$$R_2C{=}CR_2 \; \xrightarrow{\text{Ti(O-}i\text{-Pr)}_4 / 2\,i\text{-PrMgCl}} \; \underset{\mathbf{2}}{R_2C{-}CR_2\text{-Ti(O-}i\text{-Pr)}_2} \quad (13.1)$$

$$R_2C{=}CR_2 + \mathbf{1} \longrightarrow \underset{\mathbf{3}}{\text{シクロプロパン-Ti(O-}i\text{-Pr)}_2} \quad (13.2)$$

$$R_2C{=}CR_2 + R'HC{=}CHR + \mathbf{1} \longrightarrow \underset{\mathbf{4}}{\text{チタナシクロペンタジエン-Ti(O-}i\text{-Pr)}_2} \quad (13.3)$$

$$R_2C{=}CR_2 + R'C{\equiv}N + \mathbf{1} \longrightarrow \underset{\mathbf{5}}{\text{ピロール-Ti(O-}i\text{-Pr)}_2} \quad (13.4)$$

図 13.3 チタナサイクルの利用.

算上は数十種の芳香族化合物が同時に生成することになり，ただ1種の目的化合物のみを得ることは実際上不可能である．しかし，(13.7)式に示す3種の異なる非対称アセチレンの環化を，チタナサイクルをテンプレートとして完全に制御して行い，単一の芳香族化合物を得るだけでなく，求電子試薬との反応に利用できる芳香族有機金属化合物として直接合成する初めての画期的な方法が開発された．

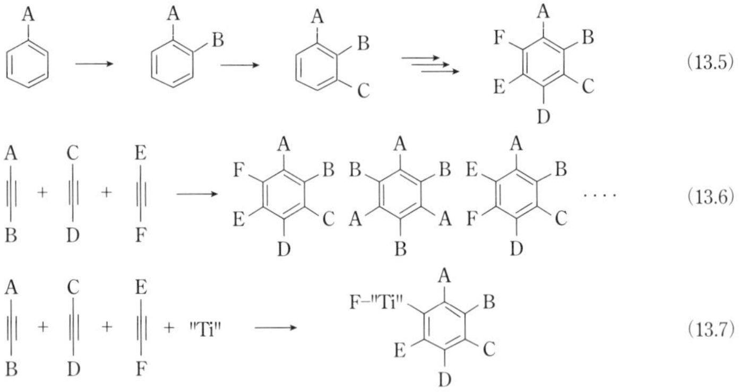

$$\text{(13.5)}$$
$$\text{(13.6)}$$
$$\text{(13.7)}$$

図 13.4 芳香族化合物の合成法.

(13.7)式の方法は，具体的には図13.5のA型[8]とB型[9]の2とおりの反応形式に分類でき，それぞれアリールチタンとベンジルチタンが合成できる．

ここではB型の反応例を(13.8)式に示す[9]．すなわち，アセチレンエステル，チタン試薬**1**，オクチン，プロパルギルブロミドを次々に加えると，これら4成分がチタナシクロペンタジエンを経て規則正しくカップリングし，ベンジルチタン**6**が生成する．これに実質的な第4成分として求電子試薬を反応させると，ワンポットで単一の芳香族化合物が合成できる．したがって，3分子の異なる非対称アセチレンの位置選択的カップリングが実現されていることがわかる．

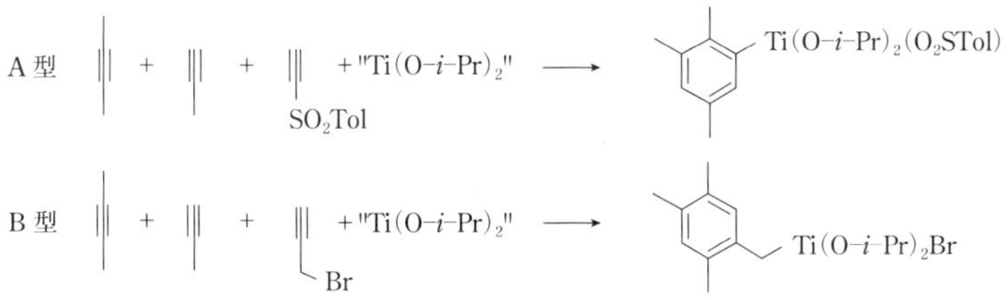

13.2 ワンポット多成分カップリング反応の開発

図 13.5 アリールおよびベンジルチタン化合物の新しい合成.

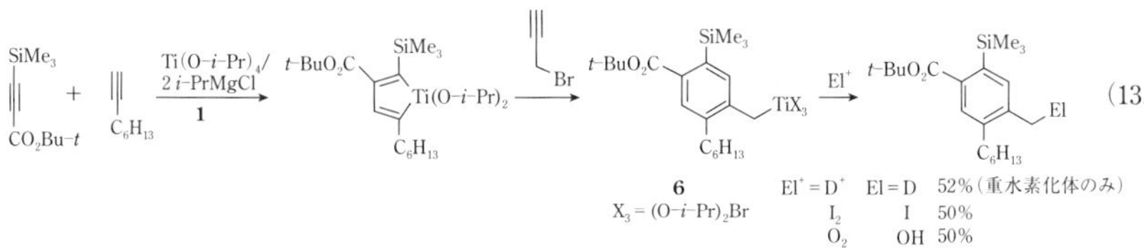

$$\text{El}^+ = \text{D}^+ \quad \text{El} = \text{D} \quad 52\%\text{(重水素化体のみ)}$$
$$\text{I}_2 \quad \text{I} \quad 50\%$$
$$\text{O}_2 \quad \text{OH} \quad 50\%$$

(13.8)

図 13.6 の **8** に構造式を示す alcyopterosin A は,海洋生物から単離された穏やかなヒト腫瘍細胞毒性を有する化合物である.(13.8)式の反応を利用して,その合成のための鍵化合物 **7** がワンポットで得られた.さらにそこからスタンダードな方法により,alcyopterosin A **8** の最初の全合成が達成された[9].

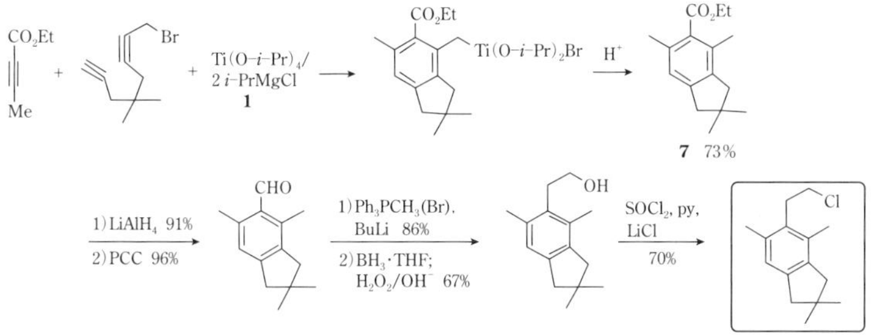

図 13.6 alcyopterosin A の最初の全合成.

図 13.4 のレッペ反応において,アセチレンと等電子的なニトリルを 1 成分とすると,同様にカップリングしピリジンを与える.この場合も,反応がランダムに進行するため単一のピリジンを合成することは困難である.しかし最近,図 13.7 の 4 つのバージョン A 〜 D 型に従って,アセチレン 2 分子と 1 分子のニトリルがチタナサイクルをテンプレートとして規則正しく連結し,4 成分めとしてチタンまでも取り込んで単一のピリジルチタン化合物を与える最初の例が報告された[10].

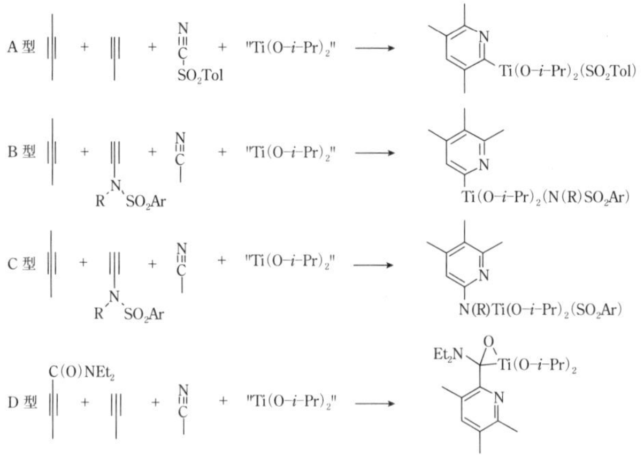

図 13.7　ピリジルチタン化合物の新しい合成.

　代表的な反応例として，A 型についての詳細を図 13.8 に示す．ここではアセチレン 2 分子とチタン試薬 1 からチタナサイクル 9 が発生し，引き続いてスルホニルニトリルを作用させワンポットで選択的にピリジルチタン 10 が生成する．このチタン部分は 4 成分めとなる種々の求電子試薬とやはりそのままワンポットで反応し，種々のピリジンが得られる．

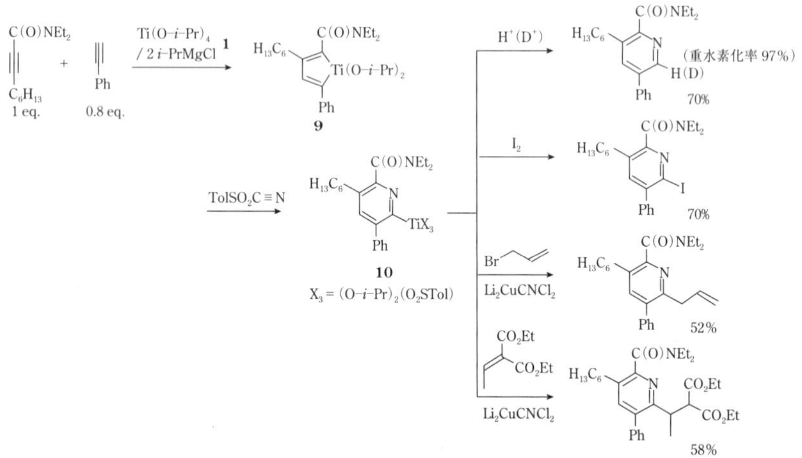

図 13.8　種々のピリジンの調製法.

　ピリジンは天然のアルカロイドから人工の薬剤までその構成成分としてよくみられるが，たとえば図 13.9 に示す抗アレルギー医薬・ロラタジンもその 1 つである．この一群

の化合物はベンゾシクロヘプタピリジンと称され，一般式 **11** で示される．その一員である **12** が，図 13.8 の反応を利用して 2 種のアセチレンとスルホニルニトリルから効率的に合成された（図 13.10）[11]．図 13.7 のその他の反応 B ～ D 型の詳細については，文献[11]を参照されたい．

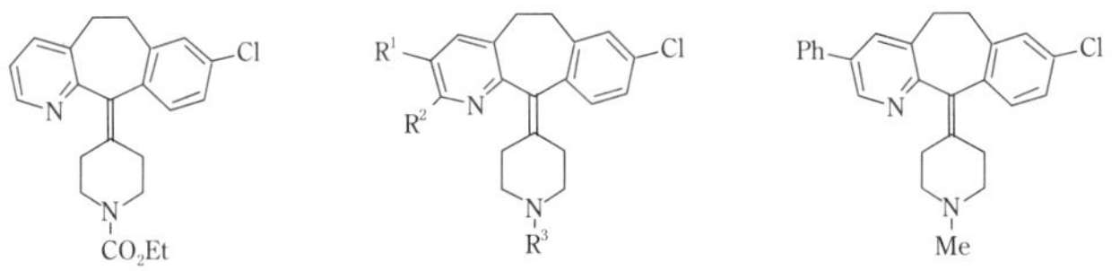

図 13.9 ベンゾシクロヘプタピリジン類．

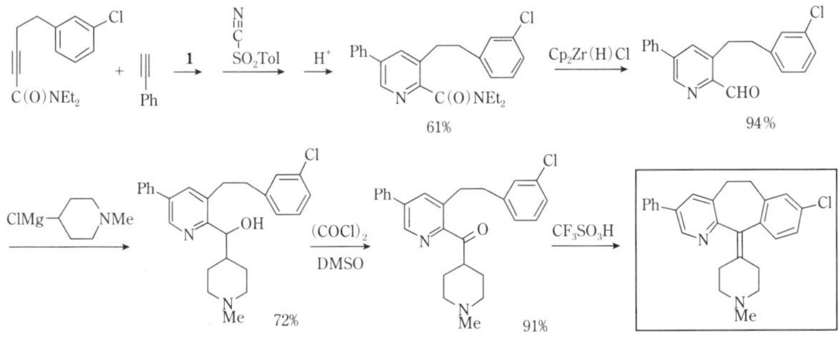

図 13.10 ベンゾヘプタピリジン **12** の合成．

B. アザチタナシクロペンタジエンの利用

チタン試薬，アセチレン，およびニトリルからは，図 13.11 に示すようなアザチタナサイクル **5** が発生し，さらに第 2 のアセチレン，アルデヒド，あるいはイミンを反応させると，ピリジン，フラン，ピロールなどが簡便に合成できる．本反応も，次のいくつかの反応形式 A ～ D 型に分類できるが，そのいずれもが多数の非対称基質の完全に選択的なカップリングを可能にしている[12]．

(13.9) 式に上記 A 型によるピリジンの合成の例を示す．図 13.7 の A 型のピリジン合成とは基質と反応経路が異なるため，置換形式の異なった化合物の合成が可能であり，これらは相補的に利用できる．

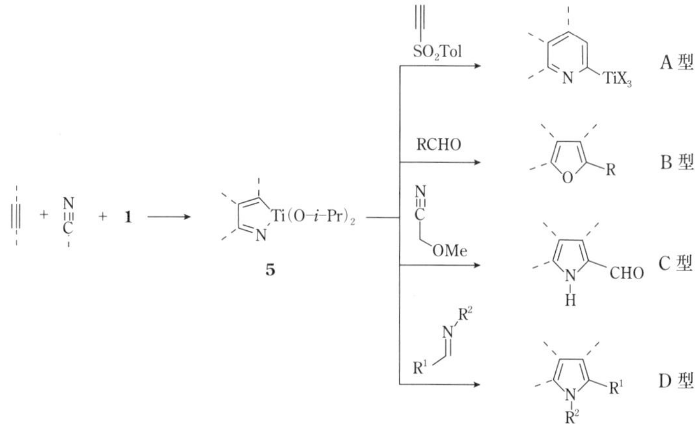
SO2Tol
A 型
RCHO
B 型
OMe
C 型
D 型
Ti(O-i-Pr)2
5

図 **13.11**　ヘテロ芳香族化合物の調製.

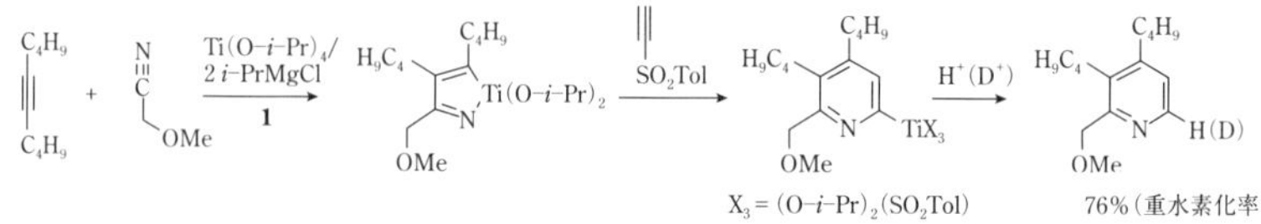
Ti(O-i-Pr)4/
2 i-PrMgCl
1
SO2Tol
H+(D+)
X3 = (O-i-Pr)2(SO2Tol)
76%（重水素化率 98%）

(13.9)

シクロチアゾマイシンは図 13.12 に示す構造を有する抗生物質であるが，その光学活性ピリジンユニット前駆体 **13** の合成が(13.9)式の反応を使って改良された．図 13.11 の他の反応例 B ～ D 型は文献を参照されたい [12].

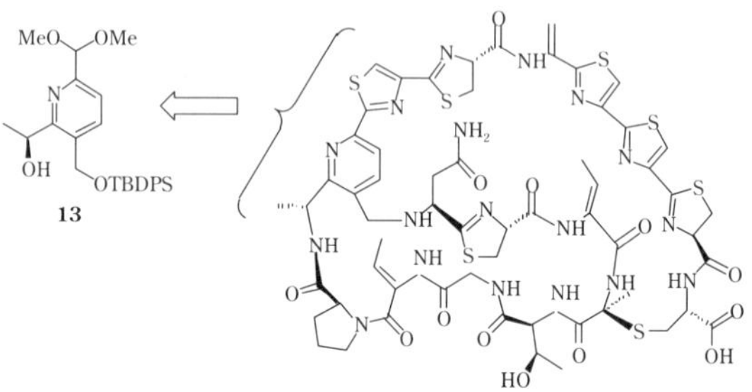
MeO
OMe
OH
OTBDPS
13

図 **13.12**　シクロチアゾマイシン.

13.2.2　イットリウム試薬を利用する方法 [13]

現在種々のメタラサイクルが有機合成の中間体などで利用されているが，新たな金属種による斬新な反応開発はとくに重要である．ランタニド金属のうちでも安価なイットリウ

ム試薬を用いて,イットリウム,ビニルグリニャール試薬,アセチレンの3成分から図13.13に示すようなメタラサイクル **14**(ここではジメタロ反応種で表記)を発生させ,多成分カップリング反応を行うことができる.

図13.13 イットリウム試薬を用いる方法.

図13.13の反応で非対称アセチレンであるフェニル(シリル)アセチレンを用いた場合の,アセチレン,ビニルグリニャール試薬,および求電子試薬(1〜2種)の最大4成分のカップリング反応を行った例を図13.14に示す.この場合は,今まで述べてきたチタナサイクルの場合と異なり,直鎖状脂肪族化合物の合成に有用である.事実,臭素との反応で得られるモノブロモ体 **15** は,抗がん剤タモキシフェン合成の中間体である.

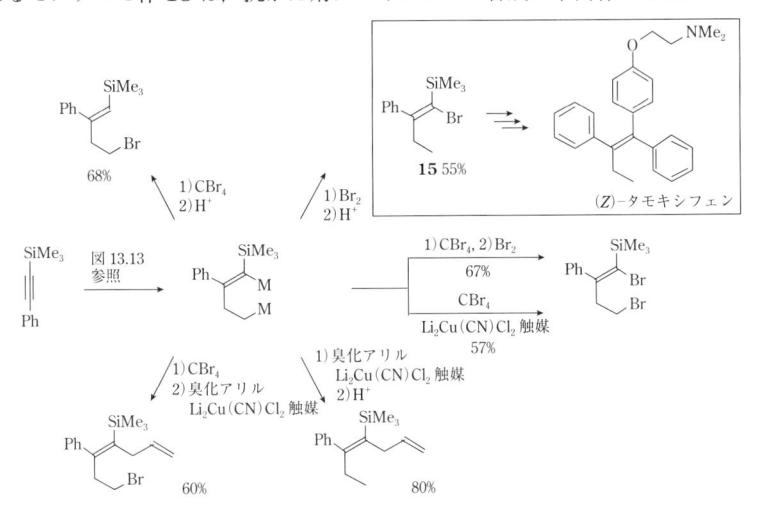

図13.14 フェニル(シリル)アセチレンを含む多成分カップリング反応.

13.3 ワンポット多段階反応の開発

ワンポット多成分カップリング反応が複数の基質の結合を対象にするのに対して,図

13.15 に示すワンポット多段階反応は，複数の反応段階をワンポットで行う手法をさす．ここでも当然実験操作が短縮され，溶媒や精製などの物質的あるいは時間的負担が軽減されるため，持続可能な合成手法が開発できる．また，単純な出発物質から複数の素反応過程がワンポットで進むため，一見複雑な化合物がいとも簡単に得られるという利点もある．したがって，生体機能分子あるいは医薬などの合成に不可欠であり，以下にはその実例について述べる．

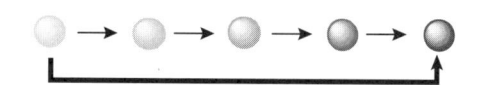

図 13.15　画期的な新規反応─多段階の変換をワンポットで．

13.3.1　チタン試薬による直鎖状化合物から双環性化合物の合成

　生体機能分子あるいは医薬などの成分である環状化合物は，多くの場合入手しやすい直鎖状化合物から誘導する．環系の構築では，直鎖状化合物をまず単環性化合物にして，さらに双環性化合物，三環性化合物と必要な環構造を構築する．ところが(13.10)式では，直鎖状化合物から双環性化合物が一挙に得られており，ワンポット多段階反応の例となる．反応のからくりは，アレノールエステル **16** とチタン試薬 **1** から生じたチタナサイクルがカルボニル基へ二重付加するところにある[14, 15]．この形式の類縁反応はいくつか知られておりいずれも有用であるが，詳細は文献[16, 17]を参照されたい．

図 13.16　ヒルステンの全合成．

この反応を利用して，図 13.16 に従いトリキナン骨格を有する天然有機化合物であるヒルステン **17** の全合成が達成されている[15]．植物や海洋生物または微生物から単離されているトリキナン類には，抗腫瘍活性を示す化合物も知られている．

13.3.2 銅触媒によるヘテロ環化合物合成[18]

スルホニルアミンが銅触媒存在下で 1-ブロモ-1-アルキンによりアルキニル化されることは，すでに報告されている．この反応に N,N'-ジスルホニルエチレンジアミンを用いると，アルキニル化反応だけで止まらず，アセチレンへのスルホンアミドの分子内付加反応が同時に進行し，(13.11)式に示すテトラヒドロピラジンが，ワンポットで収率よく得られる．さらに，エチレンジアミンの代わりにプロパンジアミンあるいはエタノールアミンの N-スルホニル誘導体を使って，7員環ヘテロサイクルあるいは N,O-ヘテロ環の合成もなされている．

$$ (13.11) $$

$R = C_6H_{13}$ 77%

テトラヒドロピラジン類はピペラジン骨格合成の中間体として有用であり，π 電子系による構造的・電子的多様性をもつピペラジンアナログとして興味がもたれる．

13.4 経済的かつ環境低負荷反応の開発

13.1 節でも述べたように，有機化合物を合成する際の経済性および環境低負荷性への貢献は，その適否を判断するうえでの重要な基準となってきた．合成反応では金属試薬が多用されるが，希少金属の価格高騰や将来は金属資源自体が枯渇する懸念があり，より安価および豊富に存在する金属での代替を促進する元素戦略が重要となっている．そこで，クラーク数第 4 位に豊富に存在し，安価で毒性もない元素である鉄を利用する新しい有機合成反応の開発について述べる．また，やはり上記の方向に沿う合成法として，最も安価かつ無尽蔵ともいえる空気を原料として利用するアルコール合成法についても紹介する．

13.4.1 鉄試薬の積極的利用

A．共役付加反応[19,20]

α,β-不飽和カルボニル化合物へのグリニャール試薬の共役付加反応は，一般に銅触媒存在下で行われる．しかし，最近，鉄触媒を利用することにより (13.12) 式に示す選択的

な1,6-共役付加反応が可能となった.生成物のオレフィンの立体化学は式のように完全に制御され,中間体としてジエンと鉄のメタラサイクルの存在が示唆されている.

$$\text{(13.12)}$$

(13.12)式の1,6-付加反応を利用して,テルペンの一種セドレン合成の鍵中間体 **18**[21] の簡便な合成が可能となった((13.13)式).

$$\text{(13.13)}$$

さらに(13.12)式の反応を(13.14)式のように光学活性アミド **19** から出発し,グリニャール試薬の1,6-付加ののち生じたエノラートをハロゲン化アルキルでトラップして,アミドをテンプレートとするワンポット不斉3成分カップリング反応が達成された.

$$\text{(13.14)}$$

B. メタラサイクルの発生と利用[22]

13.2,13.3節では,種々のメタラサイクルの有用性とその利用を繰り返し述べたが,ごく最近,同様なメタラサイクルがさらにより卑近な金属である鉄を利用して発生できることもわかってきた.(13.15)式は,ジエンからフェラサイクル **20** を経て,抗生物質ペンタレノラクトン合成の鍵中間体である双環性ケトエステル **21** を合成するタンデム環化反応の例である.さらに,中間のフェラサイクルにアルデヒドを加えるだけで,側鎖の伸長がワンポットで実現された.

以上の反応は,鉄やマグネシウムのようなユビキタス元素のみを用いて行える利点があるとともに,ワンポット多成分あるいは多段階カップリング反応である点を同時に満たしていることも忘れてはならない.

$$\text{(13.15)}$$

13.4.2 空気の積極的な利用[23]

　グリニャール試薬を酸素酸化するとアルコールを与えることは，よく知られている．ここにオレフィンを共存させることにより，グリニャール試薬，オレフィン，酸素の(13.16)式に示す3成分カップリング反応が可能となった．意外なことに，純酸素ガスでは目的物が低収率でしか得られず，むしろ酸素分圧の低い空気のほうが好結果となる経済性にすぐれるアルコール合成法である．

$$\text{(13.16)}$$

　(13.17)式では，空気から合成されたアルコール **22** がセスキテルペン骨格に導かれている．これらの空気を使う合成法は，汎用性と経済性にすぐれるとともにワンポット多成分カップリング反応である利点も同時に兼ね備えており，概念的にも実用的にも重要である．

$$\text{(13.17)}$$

13.5　おわりに

　以上述べたとおり，医薬や生体機能分子の合成にあたって，とくに効率性，経済性，あるいは低環境負荷性を満たす未来指向型反応の重要性について，その新反応開発と利用の両面について概観した．この分野の今後のさらなる発展に期待したい．

引 用 文 献

1) F. Sato, H. Urabe, S. Okamoto, *Chem. Rev.*, **100**, 2835 (2000)
2) F. Sato, H. Urabe, *Titanium and Zirconium in Organic Synthesis* (I. Marek ed.), p. 319, Wiley-VCH (2002)
3) 占部弘和, 有合化, **59**, 438 (2001); 占部弘和, 化学工業, **52**, 913 (2001); 占部弘和, 有合化, **63**, 102 (2005); 占部弘和, 化学工業, **57**, 757 (2006)
4) D. Suzuki, H. Urabe, F. Sato, *Angew. Chem. Int. Ed.*, **39**, 3290 (2000)
5) T. Hamada, R. Mizojiri, H. Urabe, F. Sato, *J. Am. Chem. Soc.*, **122**, 7138 (2000)
6) K. Mitsui, T. Sato, H. Urabe, F. Sato, *Angew. Chem. Int. Ed.*, **43**, 490 (2004)
7) H. Urabe, K. Mitsui, S. Ohta, F. Sato, *J. Am. Chem. Soc.*, **125**, 6074 (2003)
8) D. Suzuki, H. Urabe, F. Sato, *J. Am. Chem. Soc.*, **123**, 7925 (2001)
9) R. Tanaka, Y. Nakano, D. Suzuki, H. Urabe, F. Sato, *J. Am. Chem. Soc.*, **124**, 9682 (2002)
10) D. Suzuki, R. Tanaka, H. Urabe, F. Sato, *J. Am. Chem. Soc.*, **124**, 3518 (2002)
11) R. Tanaka, A. Yuza, Y. Watai, D. Suzuki, Y. Takayama, F. Sato, H. Urabe, *J. Am. Chem. Soc.*, **127**, 7774 (2005)
12) D. Suzuki, A. Nobe, Y. Watai, R. Tanaka, Y. Takayama, F. Sato, H. Urabe, *J. Am. Chem. Soc.*, **127**, 7474 (2005)
13) R. Tanaka, H. Sanjiki, H. Urabe, *J. Am. Chem. Soc.*, **130**, 2904 (2008)
14) H. Urabe, D. Suzuki, M. Sasaki, F. Sato, *J. Am. Chem. Soc.*, **125**, 4036 (2003)
15) M. Sasaki, H. Taura, T. Hata, F. Sato, H. Urabe, *IUPAC International Conference on Biodiversity and Natural Products, Kyoto, Abstr.*, P-310 (2006)
16) H. Urabe, K. Suzuki, F. Sato, *J. Am. Chem. Soc.*, **119**, 10014 (1997); H. Urabe, M. Narita, F. Sato, *Angew. Chem. Int. Ed.*, **38**, 3516 (1999)
17) C. Delas, H. Urabe, F. Sato, *J. Am. Chem. Soc.*, **123**, 7937 (2001)
18) Y. Fukudome, H. Naito, T. Hata, H. Urabe, *J. Am. Chem. Soc.*, **130**, 1820 (2008)
19) K. Fukuhara, H. Urabe, *Tetrahedron Lett.*, **46**, 603 (2005)
20) S. Okada, K. Arayama, R. Murayama, T. Ishizuka, K. Hara, N. Hirone, T. Hata, H. Urabe, *Angew. Chem. Int. Ed.*, **47**, 6860 (2008)
21) E.J. Corey, N.N. Girotra, C.T. Mathew, *J. Am. Chem. Soc.*, **91**, 1557 (1969)
22) T. Hata, N. Hirone, S. Sujaku, K. Nakano, H. Urabe, *Org. Lett.*, **10**, 5031 (2008)
23) Y. Nobe, K. Arayama, H. Urabe, *J. Am. Chem. Soc.*, **127**, 18006 (2005)

14 酵素による光学活性化合物の合成

14.1 はじめに

医薬品の中には,不斉炭素をもつものが多く,その大半は,光学活性体として生産されている.また,従来はラセミ体で承認されていたものでも,光学活性体へとラセミスイッチが行われている.そのため,光学活性医農薬中間体の需要は年々高まってきており,簡便で効率的な光学活性体の製造法の確立が,ますます重要となっている[1].その目的で,酵素(生体触媒)を用いる有機合成法は立体選択性が非常に高いため有用であり,ここでは,アルコール脱水素酵素やリパーゼなどによる,光学活性化合物,天然物や医薬品などの有用物質の合成を中心に紹介する[2].

14.2 不斉還元反応

生体触媒を用いる不斉還元法では簡単に不斉が導入でき,以下のような特徴がある.
1)立体選択性が非常に高いものが多い.
2)反応条件が温和である.
3)実験操作が簡単で安全な反応である.
4)原料をむだにしない.

このように,生体触媒を用いる不斉還元法はグリーンな反応であり,その開発は非常に重要である.

14.2.1 チチカビを用いる高選択的な不斉還元

不斉還元の試薬として有用な生体触媒として,チチカビの乾燥菌体があげられる[3].とくにその不斉収率の高さは,化学触媒および生体触媒の中でもきわだっている.図14.1に示すように,チチカビの乾燥菌体,補酵素,2-プロパノールからなる還元系の不斉収率は非常に高く,アセトフェノン誘導体を基質とするときには,オルト,メタ,パラ位の

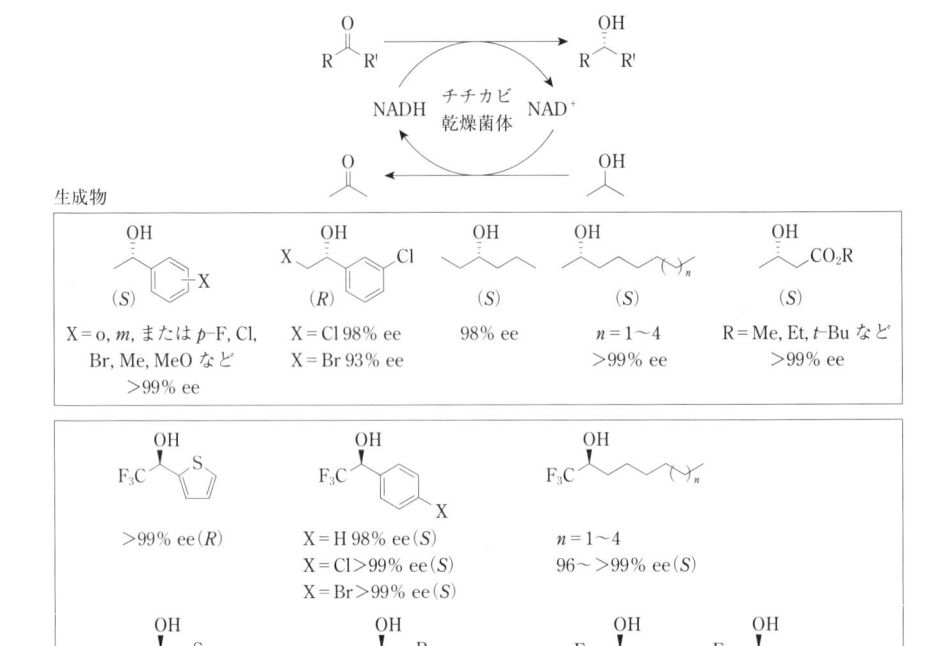

図 14.1 チチカビ乾燥菌体によるケトンの不斉還元.

どの位置がハロゲンやメチル基，メトキシ基などで置換された場合にも，99% ee である．また，2-オクタノンやβ-ケトエステルの還元においても，全く同じ条件下での反応で，同様に99%の不斉収率で対応する光学活性アルコールが得られる．このように本反応系は，立体選択性の高さと基質特異性の広さを，両方もちあわせている．

チチカビ乾燥菌体を用いる系は含フッ素ケトンの還元にも利用でき，図14.1に示す光学活性アルコールを非常に高い不斉収率で合成できる[4]．この反応は，基質濃度が高くスケールも比較的大きい．たとえば，トリフルオロメチル(2-チエニル)ケトンを基質として用い，数グラムスケールでの反応を試みたが，1%以上の基質濃度でも反応は円滑に定量的に進行し，不斉収率は全く低下することなく，対応するアルコール(>99% ee, 4.16 g)が得られる．

14.2.2　生体触媒による水中での不斉還元における生産性の向上

生産性の向上は，結果的にグリーンケミストリーの推進につながる．たとえば，基質濃

度を高くすると，反応容積あたりの収量が増加する．基質濃度が最大である無溶媒反応が注目されているが，生体触媒反応においては，反応物や生成物となる有機化合物の生体触媒への毒性が問題となり，基質濃度が化学触媒反応よりも低いことが問題となっている．ここでは，生体触媒への毒性を最小限に押さえ，かつ反応容積あたりの基質濃度を増加させる方法を紹介する．

図14.2(a)に示すように，反応溶液に疎水性ポリマーを加えると，反応物や生成物のほとんどはポリマーに吸着した状態にあり，反応するときにのみ水溶液中に溶け込む[5a]．そのため，生体触媒の周辺では有機化合物の濃度は低く，生体触媒の働きを阻害せずに全体の基質濃度を高くでき，生産性の向上につながる．

系全体の基質濃度を高く保ちながら，生体触媒の周辺の基質濃度を低く保つために疎水性ポリマーを利用する方法は，チチカビによる反応にも用いられている[5b]．図14.2(b)に示すように，チチカビによる脂肪族ケトンの還元反応において，疎水性ポリマーである

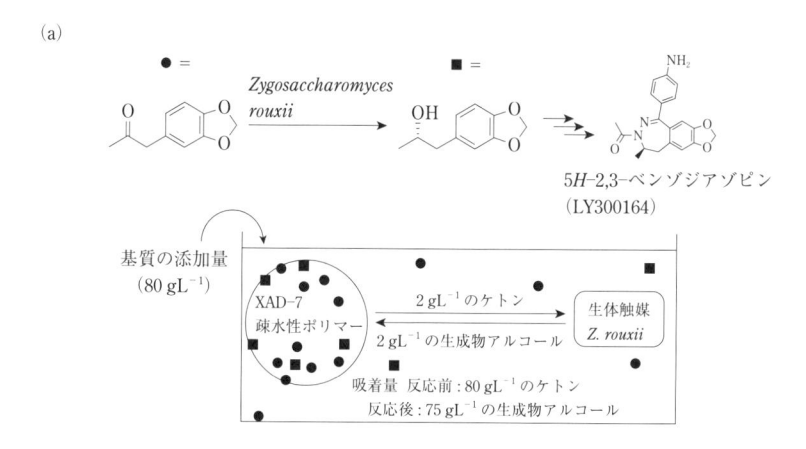

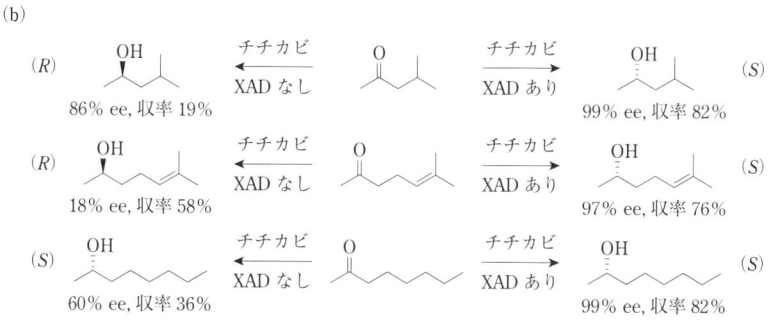

図14.2 微生物による不斉還元反応における疎水性ポリマーの添加効果．(a)基質濃度の制御．(b)収率および立体選択性の向上．

[B. Anderson et al., *J. Am. Chem. Soc.*, **117**, 12358 (1995) ; K. Nakamura et al., *Chem. Commun.*, **2003**, 1198]

XADを反応溶液に添加すると,収率は劇的に向上している.また,チチカビには基質の取込みやすさ(K_m)の異なる酵素が何種類も存在するため,生体触媒周辺の基質濃度を変化させることにより,立体選択性の逆転や不斉収率の向上がみられた.この方法の基質適用範囲は広く,昆虫フェロモンである(S)-スルカトールのような脂肪族アルコールだけでなく,芳香環をもつ光学活性アルコールも高い収率および不斉収率で合成することができる.

14.2.3 非水系溶媒中での反応

これまでは,生体触媒を用いる水中での還元反応について述べてきた.水を反応媒体として用いることは,生成物の分離・精製の段階が困難であることがある.一方,地球上に大量に存在するもう1つの物質であるCO_2を超臨界状態として生体触媒反応に用いれば,常圧に戻せばCO_2は気体であるので,抽出の必要性がなくなる.チチカビの生菌体を用いる反応においては,超臨界CO_2中において反応が進行することが見いだされた(図14.3)[6].

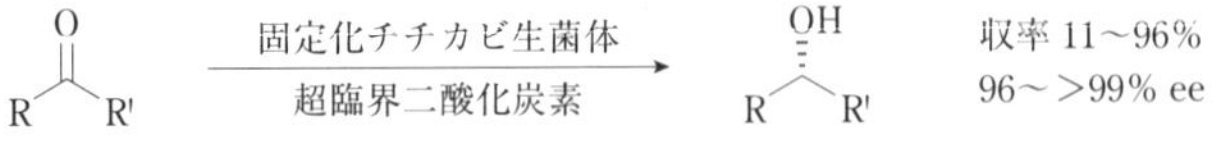

R = Me, CH_2F など
R' = Ph, o, m, またはp-フルオロフェニル, Ph-$(CH_2)_2$-など

図 14.3　超臨界CO_2中でのチチカビによる不斉還元.

14.2.4 光合成生物を用いる反応における光エネルギーによる補酵素の再生

不斉還元のための生体触媒として,現在までに利用されてきたもののほとんどは従属栄養の微生物である.一方,光合成生物はCO_2を炭素源として生育できるため,それらを生体触媒として利用すれば,"CO_2の削減"と"有用物質の生産"の両方を,同時に行うことができる.図14.4には,光合成生物である *Synechococcus elongatus* PCC7942による不斉還元の例を示す[7].通常は,還元反応には還元力が必要であり,そのために微生物の反応

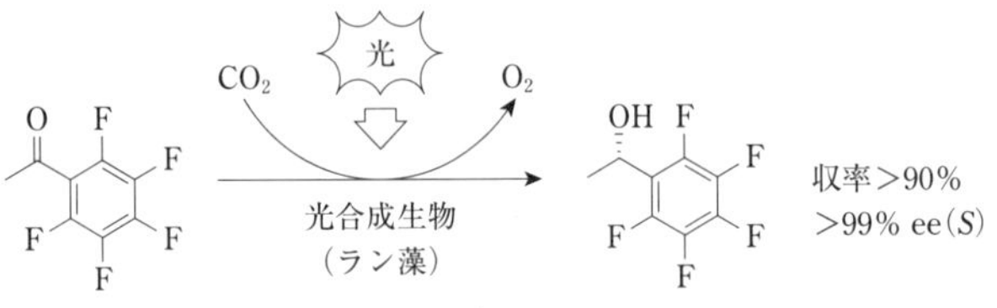

図 14.4　光合成生物による還元反応およびCO_2の吸収.
[K. Nakamura et al., *Tetrahedron Lett.*, **41**, 6799 (2000)]

においては，糖やエタノール，2-プロパノールを加える方法が一般的であるが，光合成生物を利用する反応においては，光エネルギーを利用できる．

14.3 光学異性化

光学異性化とは，ラセミ体の基質を光学活性体へ変換する反応である．微生物を用いると，途中で基質や生成物を取り出さなくても，みかけ上は，1段階でそのようなことが実現する．たとえば図14.5(a)に示すように，チチカビの S 選択的な酵素は酸化・還元の両方の反応を触媒するのに対し，R 選択的な酵素は不可逆である．そのため，チチカビとラセミ体アルコールを混ぜておくと，(S)-アルコールの酸化および(R)-アルコールへの還元は起こるが，生成した(R)-体は酸化されないため，反応後に系内に残るのは(R)-体のみとなる[8a]．この方法は，ラセミ体のアルコールを単一の鏡像体へと変換しうる原子利用率100%の反応であり，今後，有機合成への応用が期待される．

光学異性化反応は他の菌体を用いても可能である．基質としては，ケトンやエステル，ヒドロキシル基などの官能基をもつアルコールが多い．たとえば，長谷川らは *Candida parapsilosis* による反応でラセミ体の1,2-ジオールから光学活性体のジオールを，93%収率，100%の不斉収率で得ている(図14.5(b))[8b]．

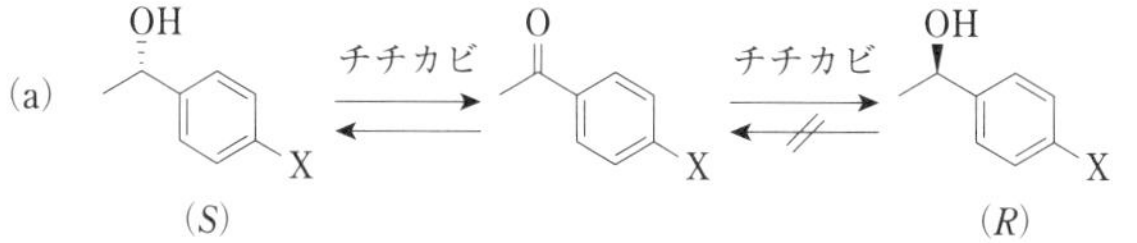

X	アルコールの収率/%	ee/%
H	96	99(R)
Cl	97	89(R)
Me	95	79(R)
MeO	77	97(R)

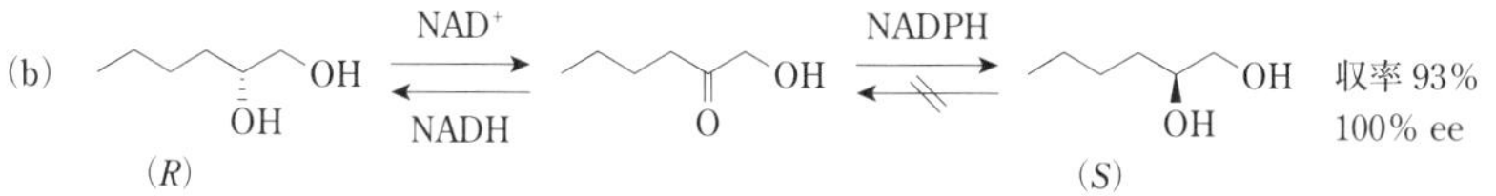

(b) 収率93%, 100% ee

図14.5 (a)チチカビによる光学異性化．(b)*Candida parapsilosis*による光学異性化．
[K. Nakamura et al., *Tetrahedron Lett.*, **36**, 6263(1995); J. Hasegawa et al., *Agric. Biol. Chem.*, **54**, 1819(1990)]

14.4 不斉酸化

生体触媒を用いる酸化も，還元や光学異性化と同様に穏やかな条件で反応は進行する．ここでは，取り扱いが容易なパン酵母によるバイヤー・ビリガー(Baeyer–Villiger)酸化の例を，図14.6に示す[9]．普通のパン酵母は，シクロヘキサノンモノオキシゲナーゼ(CHMO)

をもたないためバイヤー・ビリガー酸化を触媒しないが，遺伝子組換えによりCHMOを導入したパン酵母を用いることにより，シクロヘキサノンやシクロペンタノンなどの酸化が可能となった．4位が置換されたシクロヘキサノンを基質として用いる場合には，基質がプロキラルであるため，高い収率および不斉収率で対応するラクトンが得られる．

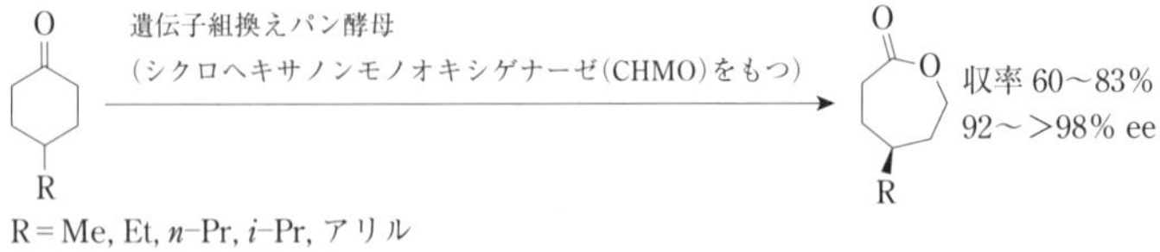

図 14.6　酸化酵素を組み込まれたパン酵母によるバイヤー・ビリガー酸化．
[J.D. Stewart et al., *J. Am. Chem. Soc.*, **120**, 3541 (1998)]

14.5　加水分解酵素を利用する不斉合成反応

　加水分解酵素を利用すると，簡単に光学活性化合物を得ることができる．まず例を示す（図14.7）．ヘキサンにラセミ体の1-フェニルエタノール，リパーゼPS，モレキュラーシーブ，酢酸ビニルを入れ，室温で1時間撹拌すると，(R)-体がエステル化され（ee=95.4%），(S)-体が未反応で残る（ee=92.7%）．この反応の選択性は高く（E=144），同じ濃度の(R)-体と(S)-体が存在するときには，(R)-体は(S)-体より144倍速く反応する．

　通常の選択性の高い有機反応が厳密な脱気，脱水条件や，極低温を必要とするのに比べると，生体触媒を用いる反応は不斉酸化還元反応にかぎらず，加水分解酵素を用いる反応も，①簡単なこと，②反応が室温で進行すること，③脱気，脱水の必要がないこと，などの特徴を有する．また，不斉還元のための生体触媒とは異なり，リパーゼは，①非常に熱安定性が高く室温で保存できるものもあり，②有機溶媒中でも失活せず，③有機溶媒中で用いると反応後はろ過により簡単に生成物から分離できること，などの利点を有する．

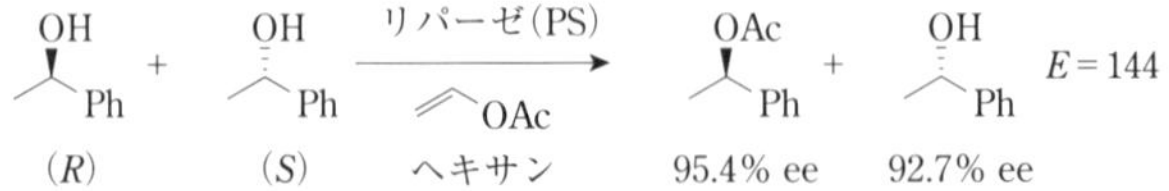

図 14.7　リパーゼによる1-フェニルエタノールの光学分割．

14.5.1　リパーゼを用いる天然物の合成

　リパーゼの反応は，各種の天然物や生理活性化合物の中間体の合成に使われている．一

例を示すと，小笠原らは(−)−ネプラノシン(neplanocin)Aの合成のためにそのために*Pseudomonas aeruginosa*由来のリパーゼを用いている(図14.8)[10]．ラセミ体のジオールをリパーゼによりエステル化すると，(+)−体のモノエステルと(−)−体のジエステルが生成し，不斉収率はそれぞれ>99%と92%である．この場合，選択性は第二級アルコールがエステル化されるところで発現している．なお，第一級アルコールのエステル化反応は両方のエナンチオマーにおいて起こる．(+)−体のモノエステルから，目的物質である(−)−ネプラノシンAが合成されている．

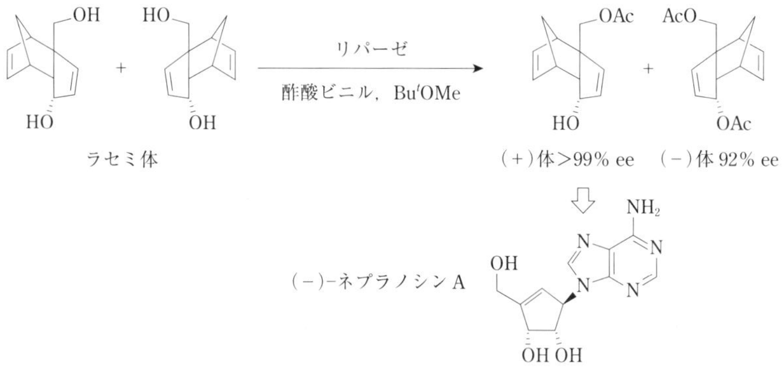

図14.8 リパーゼによる生理活性物質の合成．
[N. Yoshida et al., *Tetrahedron Lett.*, **39**, 4677(1998)]

14.5.2 リパーゼを用いる農薬の合成

住友化学(株)では，殺虫剤であるピレスロイドの合成中間体をリパーゼを利用する反応で製造している(図14.9)[11]．ラセミ体のアセテート **1** を *Arthrobacter* 由来のリパーゼを用いて加水分解し，(R)−アルコール((R)−**2**)と(S)−アセテート((S)−**1**)を得，この反応混合物をメシル化して，メシル化体((R)−**3**)およびアセチル化体((S)−**1**)を得る．続いて化学的に加水分解することにより，(R)−**3** は S_N2 反応により立体が反転した(S)−**2** に，また(S)−**1** は立体保持のまま加水分解され，(S)−**2** を与える．ラセミ体 **1** のアセテートからトータル収率83%で91.4% ee の(S)−**2** が得られた．リパーゼの反応のほとんどは，光学分割となるため収率が50%以下となり，さらにアセチル化体とアルコール体を分離する必要があるが，この反応ではそのような必要がない．さらに，(S)−体は立体保持で(R)−体は立体反転で進行し，すべて必要な立体異性体へと変換しているため，むだがない反応である．このようにして得られた(S)−**2** から殺虫剤であるプラレトリン(Prallethrin)が製造されている．

図 14.9 リパーゼの反応を利用する農薬合成.
[S. Mitsuda et al., *Appl. Microbiol. Biotechnol.*, **29**, 310 (1988)]

14.5.3 リパーゼを用いる医薬品の合成

田辺製薬(株)(当時)は,カルシウム拮抗剤ジルチアゼム(商品名ヘルベッサー)の生産に,*Serratia marcescens* 由来のリパーゼを用いた二層系での加水分解を利用している(図14.10)[12]. 中空繊維型膜バイオリアクターに酵素を固定し,膜の外にトルエンに溶かした基質を,また内部に亜硫酸ナトリウム水溶液を流し,ラセミ体のエポキシエステルの加水分解を行っている. 加水分解されてカルボン酸となった不要な立体異性体である(2S,3R)体は,亜硫酸ナトリウム溶液により CO_2 とアルデヒドとなり,亜硫酸ナトリウム溶液層に抽出される. つまり,必要な(2R,3S)体だけがトルエン層に残るため,簡単に分離できる.

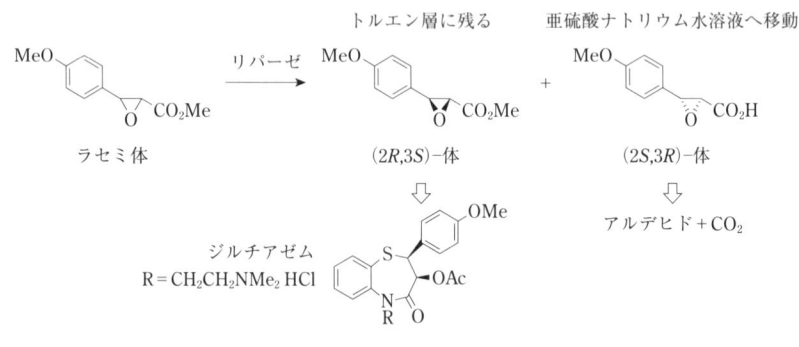

図 14.10 リパーゼを用いるジルチアゼムの合成.
[H. Matsumae et al., *J. Ferment. Bioeng.*, **75**, 93 (1993)]

14.5.4 酵素法利用による医薬品製造のグリーン化

第一製薬(株)(当時)の宮寺らは,医薬品製造におけるグリーンバイオテクノロジーを推

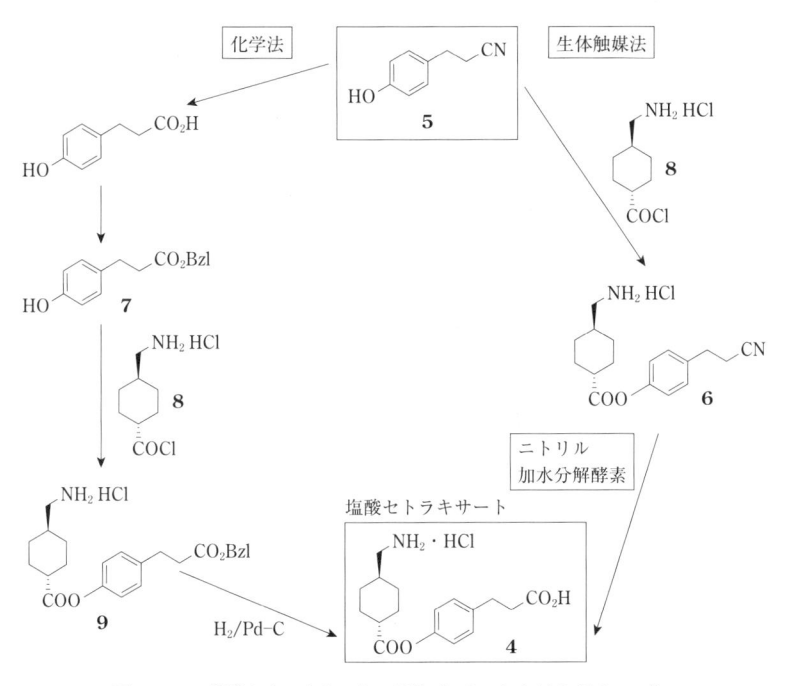

図 14.11 塩酸セトラキサートの製造プロセスにおけるグリーン化.

進している[13]. 塩酸セトラキサート **4** は胃潰瘍の薬であり，従来の化学法では **5** から 4 段階で合成していた．これを生体触媒を利用する方法にすると，わずか 2 段階で合成できる（図 14.11）．

これは化学法では，**6** のエステル部位を加水分解することなくニトリル部位を選択的に加水分解することがむずかしいために，先に **5** のニトリル部位を加水分解し，ベンジル基で保護して **7** とし，フェノール性の OH を **8** によりエステル化して **9** とし，水素化でベンジル基を外すという，回りくどいやり方をしなければならないからである．一方，生体触媒を使う方法を用いると官能基選択性（エステルの加水分解対ニトリルの加水分解）が高いので，**6** のニトリル部位のみを直接加水分解することができる．その結果表 14.1 に

表 14.1 塩酸セトラキサートの製造プロセスにおけるグリーン度の比較

	グリーン度	理由
原子利用率	酵素法＞化学法	保護基なし
毒性	酵素法＞化学法	有機溶媒削減
省エネルギー	酵素法＞化学法	工程短縮
安全性	酵素法＞化学法	水素還元回避

示すように，原子利用率，毒性，省エネルギー，安全性の4点において，グリーン度は酵素法が高くなった．

14.6 おわりに

以上をまとめると，生体触媒反応は温和な条件で進行し，立体選択性および官能基選択性が高く，取扱いがやさしい医薬中間体などの光学活性化合物の合成のための試薬である．生体触媒自身が自然界由来のものであるため，グリーンな試薬であるばかりではなく，それを用いることによる反応行程の短縮など，グリーンなプロセスを生み出している．したがって，高度な未来社会構築のための医薬品合成におけるグリーンケミストリーの推進になくてはならないものとなるだろう．

引用文献

1) P.G. Andersson, I.J. Munslow ed. *Modern Reduction Methods*, Wiley-VCH, Weinheim (2008)；大橋武久監修，キラル医薬品・医薬中間体の開発，シーエムシー出版 (2005)
2) T. Matsuda, ed. *Future Directions in Biocatalysis*, Elsevier, Amsterdam (2007)；V. Gotor, I. Alfonso, E. Carcia-Urdiales ed. *Asymmetric Organic Synthesis with Enzymes*, Wiley-VCH, Weinheim (2008)
3) K. Nakamura, T. Matsuda, *J. Org. Chem.*, **63**, 8957 (1998)；松田知子，原田忠夫，中村薫，有合化，**59**, 659 (2001)
4) T. Matsuda, T. Harada, N. Nakajima, T. Itoh, K. Nakamura, *J. Org. Chem.*, **65**, 157 (2000)；K. Nakamura, T. Matsuda, M. Shimizu, T. Fujisawa, *Tetrahedron*, **54**, 8393 (1998)
5) (a) B.A. Anderson, M.M. Hansen, A.R. Harkness, C.L. Henry, J.T. Vicenzi, M.J. Zmijewski, *J. Am. Chem. Soc.*, **117**, 12358 (1995); (b) K. Nakamura, M. Fujii, Y. Ida, *J. Chem. Soc. Perkin Trans.*, **1**, 3205 (2000)
6) T. Matsuda, T. Harada, K. Nakamura, *Chem. Commun.*, **2000**, 1367；T. Matsuda, K. Watanabe, T. Kamitanaka, T. Harada, K. Nakamura, *Chem. Commun.*, **2003**, 1198
7) K. Nakamura, R. Yamanaka, K. Tohi, H. Hamada, *Tetrahedron Lett.*, **41**, 6799 (2000)
8) (a) K. Nakamura, Y. Inoue, T. Matsuda, A. Ohno, *Tetrahedron Lett.*, **36**, 6263 (1995); (b) J. Hasegawa, M. Ogura, S. Suda, S. Maemoto, H. Kutsuki, T. Ohashi, *Agric. Biol. Chem.*, **54**, 1819 (1990)
9) J.D. Stewart, K.W. Reed, C.A. Martinez, J. Zhu, G. Chen, M.M. Kayser, *J. Am. Chem. Soc.*, **120**, 3541 (1998)
10) N. Yoshida, T. Kamikubo, K. Ogasawara, *Tetrahedron Lett.*, **39**, 4677 (1998)
11) S. Mitsuda, T. Umemura, H. Hirohara, *Appl. Microbiol. Biotechnol.*, **29**, 310 (1988)
12) H. Matsumae, M. Furui, T. Shibatani, *J. Ferment. Bioeng.*, **75**, 93 (1993)
13) 私信

15 光親和性標識法

15.1 はじめに

多くの薬剤や天然物などは，タンパク質などの生体分子と相互作用して，その機能を阻害あるいは亢進することにより生物活性を発揮する．これら生物活性化合物が標的とする生体分子を決定することは，細胞内情報伝達機構の解明など生物学的な基礎研究に貢献するだけでなく，副作用が少なく切れ味の鋭い医薬品の開発にも重要である．低分子化合物の標的分子同定にはさまざまなアプローチがあるが，ここでは光親和性標識法による標的タンパク質同定法について概説する．

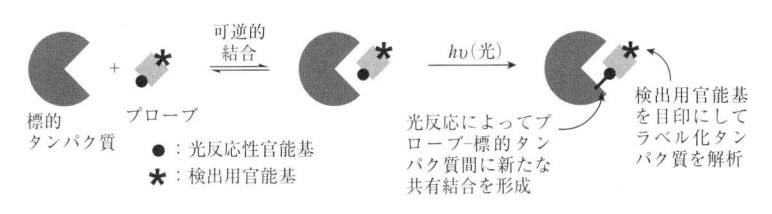

15.2 光親和性標識法の原理

光親和性標識法(photoaffinity labeling)とは，生物活性化合物が標的とするタンパク質と可逆的に相互作用することを利用し，両者を混合した状態で光を照射し，光化学反応により生物活性化合物と標的タンパク質とを不可逆的な共有結合で架橋(クロスリンク)させ，標識化(ラベル化)する化学修飾法の1つである(図15.1)[1]．本手法により，多くのタンパク質が混在する系中から，標的タンパク質を特定することができる．場合によってはアミノ酸残基レベルで結合部位を同定でき，生物活性化合物と標的タンパク質との相互作用様式を推測できる．

図 **15.1** 光親和性標識法の原理．

ある化合物が光親和性標識プローブ(photoaffinity probe)として機能するには，以下の3つの条件を満たす必要がある．1つめは，標的タンパク質と特異的に相互作用することである．通常は標的タンパク質が未知なので，なんらかのバイオアッセイを指標にして，「生物活性を有していること」=「標的タンパク質と相互作用している」，と仮定して研究を進めることが多い．2つめは，光反応により標的タンパク質との間に共有結合を形成(捕獲)するための光反応性官能基を有していること．そして3つめは，捕獲タンパク質を他のラベル化されていない多くのタンパク質と区別するための目印となる検出用官能基を，構造内に有していることである．すなわち，ある生物活性化合物を光親和性標識プローブ化しようとする場合，オリジナルの化合物の生物活性を損なわないように，光反応性官能基および検出用官能基を導入する必要がある．

15.3 光反応性官能基

光親和性標識に用いられる光反応性官能基は，その種類によって，安定性や光照射により生じる高反応性化学種およびその反応様式が異なる．光親和性標識プローブの設計にあたっては，これらの利点・欠点を考慮したうえで，対象とする研究に最適な官能基を選択する必要があるが，実際にはいくつかのプローブ候補化合物を合成して使用してみないと，最適な官能基が見つからない場合が多い．いずれにしても，光反応性官能基の導入によりオリジナル化合物の生物活性が損なわれない必要があるが，一方で，光ラベル化効率を高めるために，タンパク質と相互作用しているなるべく近い部位に光反応性官能基を配置したい．したがって，有効なプローブを設計するためには，あらかじめオリジナル化合物についてある程度構造活性相関の情報が得られていることが重要である．以下に代表的な光反応性官能基の特性を紹介する．

15.3.1 芳香族アジド基

芳香族アジド基は，アニリン誘導体から一段階で容易に合成できることから，最も広く使われている光反応性官能基である．しかし，光反応を行う際の照射波長が一般に254 nm 程度と短波長であることから，タンパク質に損傷を与えてその機能を失活させてしまう可能性があり，そのため光照射時間が制限される．また，タンパク質中のチオール基の酸化防止を目的として系中に加えられるチオール類により，アジド基が還元されてしまう場合があるため，使用できるチオール類の種類に制約があることなどが問題点である．

芳香族アジド基は，光反応により窒素が脱離して活性種である一重項の芳香族ナイトレン(nitrene)を初めに生じる(図15.2)．この一重項ナイトレンは，三重項ナイトレンまたは環拡大したジデヒドロアゼピンに変化するが，一般的な光ラベル化実験の反応温度であ

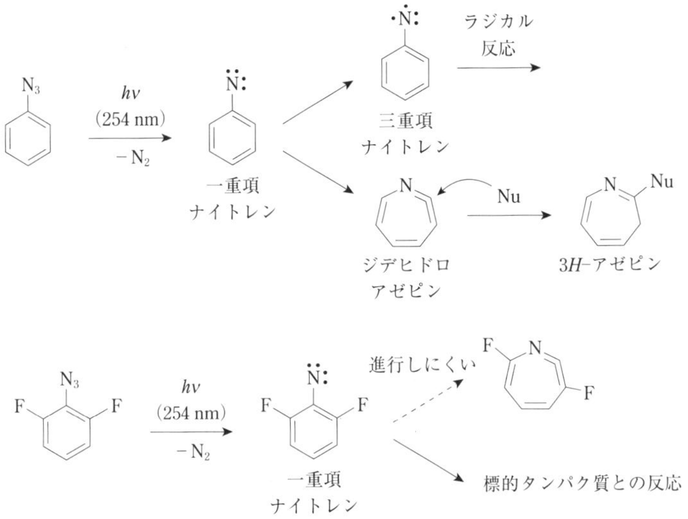

図 15.2 芳香族アジドの光反応.

る室温付近では,速やかに環拡大反応を起こす.ジデヒドロアゼピンは反応性がそれほど高くなく,近傍にシステインやヒスチジンなどの求核性アミノ酸残基が存在する場合にのみ,それらの付加体を与える.したがって,芳香族アジド基の場合には,プローブ結合部位近傍に求核性アミノ酸残基が存在していないとラベル化は期待できない.さらに,求核付加生成物である 3H-アゼピンが比較的不安定であることから,ラベル化タンパク質の解析方法によっては不具合が生じることもある.

上記の問題を回避するため,アジド基の2つのオルト位にフルオロ基を導入する方法が考案されている.この場合には,異性化(環拡大)反応のエネルギー障壁が増大し,一重項ナイトレンがタンパク質のさまざまなアミノ酸残基と直接反応できると考えられている[2].

15.3.2 ジアジリン

フェニルジアジリンは光照射によりカルベンを生じるが,その際 30% ほどジアゾ異性体が副生する(図 15.3).このジアゾ体は反応性が低く,求核剤とのみ反応するが,これによるタンパク質の非特異的なラベル化が問題であった.Brunner らにより改良されたフェニルトリフルオロメチルジアジリンを用いると,このジアゾ異性体の反応性が低下するため,最近ではもっぱらこのトリフルオロメチルジアジリニル基が用いられる[3].

ジアジリンは極大吸収波長が 340〜380 nm であるため,光照射実験をタンパク質への

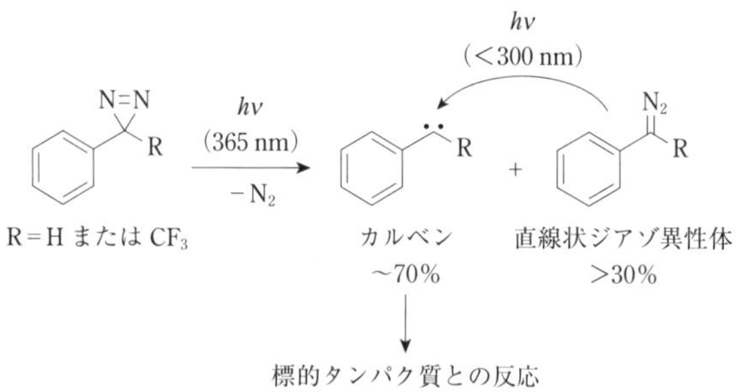

図 15.3 ジアジリン化合物の光反応.

影響が少ない長波長領域(365 nm)で行うことができる．ちなみに副生するジアゾ異性体は，300 nm 以下程度の波長の光照射により効率よくカルベンへと変換される．また，ジアジリンは酸・塩基に安定であるとともに，有機化学反応によく用いられるチオール，過酢酸，トリフェニルホスフィン，リチウムジエチルアミド，ジアゾメタンなどさまざまな試薬に安定であり，プローブ合成には好都合である．

トリフルオロメチルジアジリン型プローブの難点は，その合成に比較的多段階(5 段階以上)を要することである．また，長波長側での光活性化が可能ではあるものの，一般にジアジリニル基のモル吸光係数は 10^2 程度と低く，活性化に長時間の光照射が必要な場合がある．さらに，脂肪族ジアジリンの場合，基質によっては生じたカルベンの α 水素の転位によりアルケンを副生してしまうことなどが問題である．

15.3.3 芳香族カルボニル基

ベンゾフェノンなどの芳香族ケトンは，光照射によりカルボニル基が励起され，ラジカル性の強いジラジカル活性種が生じる．これがまず，標的タンパク質の炭化水素などの水素を引き抜き，酸素がプロトン化を受けたのち，炭素ラジカルがアミノ酸残基と結合するとされている(図 15.4)．この官能基は他の光反応基とは異なり，光照射を終了すると未反応の活性種が基底状態へと戻り，ラベル化試薬が再生される．また，ナイトレンやカルベ

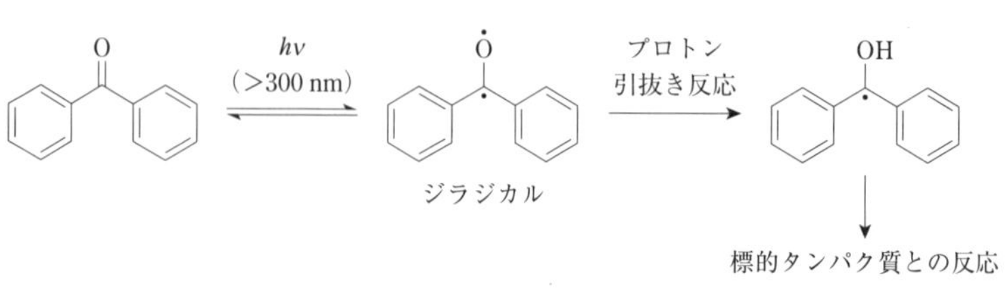

図 15.4 ベンゾフェノン型化合物の光反応.

ンとは異なり，水や緩衝液成分などとは反応しにくいことも特徴の1つである．ただし，ベンゾフェノン骨格の導入による極性および立体的な大きさの変化が生物活性に影響し，プローブ設計上問題となる場合もある．

15.4 光ラベル化タンパク質検出用官能基

光ラベル化された標的タンパク質を解析するためには，光ラベル化されていないタンパク質と区別する必要がある．そのためには，なにかしら目印となる官能基をあらかじめプローブ構造内に導入しておくか，または光ラベル化後に選択的に検出基を導入しなければならない．以下に代表的な検出用官能基およびその導入法を紹介する．

15.4.1 放射性同位元素

光親和性標識法の初期には，もっぱら放射性同位元素(radioisotope, RI)が用いられた．よく用いられる核種を表15.1に示す．これらRIの中から，実験を行う期間や要求される検出感度，またプローブへの導入方法などを考慮して適切なものが選択される．

RIを用いる利点は，①検出感度がきわめて高いことと，②原子1つによる修飾なので生物活性への影響をほとんど考えなくてよいこと，③生物活性評価を行う際に非放射標識体との対応が取りやすい，などである．しかし一方でRIは，①すべての実験を行うにあたり専用の施設や資格を必要とすることや実験者に被曝(ばく)の危険性があること，②それに伴い合成実験や合成ルートに制限が生じること，③半減期に応じて自己分解するため核種によってはプローブの長期保存が困難である，などの欠点がある．さらに取り扱いの問題から，光ラベル化タンパク質の直接解析が実質上困難であることが，最大の問題である．したがって，実際にはRIプローブを用いた光親和性標識実験では，ラベル化タンパク質を電気泳動(SDS-PAGE)解析して分子量を推定するだけに終わる場合が多い．

表15.1 よく用いられる放射性同位元素

核種	半減期	崩壊様式，放射線	最大比放射能	娘核種
^{3}H	12.3 年	β^-	1.07 TBq mmol^{-1}	^{3}He
^{14}C	5730 年	β^-	2.31 GBq mmol^{-1}	^{14}N
^{32}P	14.3 日	β^-	338 TBq mmol^{-1}	^{32}S
^{35}S	87.4 日	β^-	55.3 TBq mmol^{-1}	^{35}Cl
^{125}I	60.2 日	EC(電子捕獲), γ	80.3 TBq mmol^{-1}	^{125}Te

15.4.2 ビオチン

ビオチンはビタミンの一種で，卵白中に存在するタンパク質であるアビジンや細菌由来

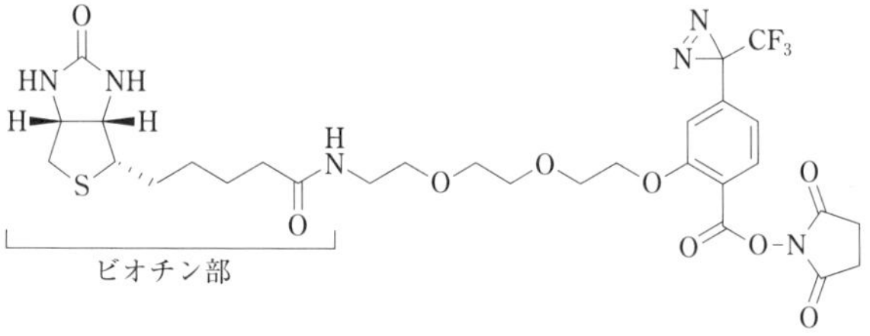

図 15.5　ビオチン化プローブ合成用共通ユニット．

のストレプトアビジンと，非常に強くほとんど不可逆的に結合（$K_d \approx 10^{-15}$ M）することが知られている．この原理を利用したのが，光親和性ビオチン化法（photoaffinity biotinylation）である．この方法では，ビオチン修飾プローブを用いて標的タンパク質を光ラベル化したのち，発光検出可能な修飾ストレプトアビジンやアビジン固定化ビーズを用いて，ラベル化タンパク質の検出やアフィニティークロマト精製を行うことができる．畑中らは，トリフルオロメチルジアジリニル基とビオチニル基を同一分子内に有するアミン反応型共通ユニットを開発し，プローブ合成を簡便化しており，多くの応用例が報告されている（図 15.5）[4]．

　光親和性ビオチン化法は，RI プローブを用いた場合には困難であった光ラベル化タンパク質の直接解析が可能である点で，非常に有効な手法である．しかし，プローブ内に構造が比較的大きくまた高極性なビオチニル基を導入するため，とくに低極性化合物のプローブ化を行う際には，オリジナル化合物の生物活性に悪影響を及ぼすことが危惧され，プローブ設計に制約が生じる場合がある．事実，光親和性ビオチン化法による標的タンパク質同定の成功例は，オリジナル化合物の構造が大きく，かつ高極性分子である天然物などの場合が多い．最近では，抗腫瘍性マクロライドである pladienolide の標的タンパク質として，スプライシング因子 SF3b 中のサブユニット SAP130 を同定した研究[5]や，ジペプチド型 γ-セクレターゼ阻害剤がプレセニリン 1 の N 末端領域（PS1-NTF）およびシグナルペプチドペプチダーゼ（SPP）の両方と結合することを示す研究，などに用いられている[6]．

15.4.3　脂肪族アジド基

　15.4.2 項の光親和性ビオチン化法の問題点を克服するため，筆者らはビオチンに代わる官能基の利用を考え，光反応後にラベル化タンパク質を特異的に修飾（post modification）するための検出基導入用官能基の活用を試みることにした．そのような官能基が満たすべき条件は，①生物活性を損なわないためになるべく小さくかつ低極性であること，②光反応性官能基の光反応条件下で安定であること，そして③タンパク質には存在しないバイオ

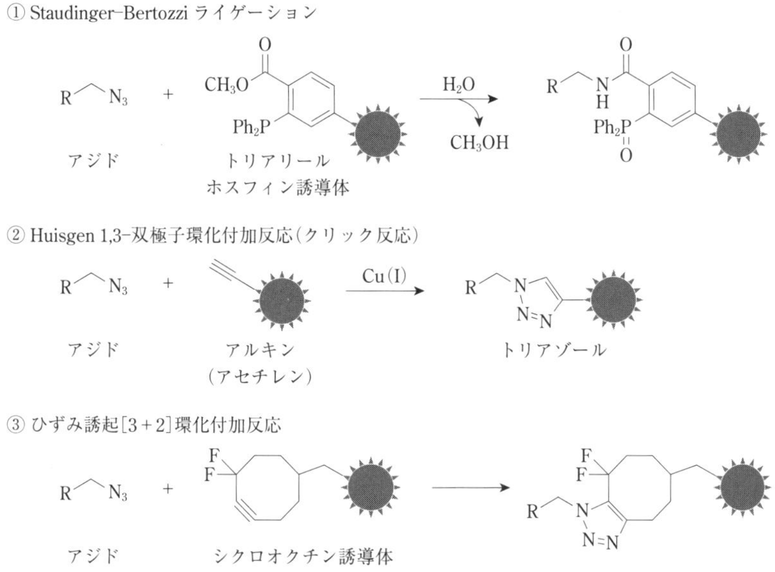

15.4 光ラベル化タンパク質検出用官能基

① Staudinger–Bertozziライゲーション

② Huisgen 1,3-双極子環化付加反応(クリック反応)

③ ひずみ誘起[3+2]環化付加反応

図 15.6 アジド基選択的反応.

オルソゴナル(bioorthogonal)な官能基であり，かつその官能基のみと反応する選択的な反応形式を有していること，である．そのような官能基として，筆者らは脂肪族アジド基が活用できるのではないかと考えた．脂肪族アジド基は比較的小さく低極性であり，しかもアジド基選択的な反応として，①トリアリールホスフィン誘導体を用いるStaudinger–Bertozziライゲーション[7]，②アジド-アルキン間のHuisgen 1,3-双極子環化付加反応(クリック反応)[8]，そして③高ひずみシクロオクチン誘導体を用いるひずみ誘起[3+2]環化付加反応，などが知られている(図15.6)[9]．これらの反応はいずれも水溶液中で反応を行うことができ，アジド基修飾生体分子の解析などに多用されている．

残る問題は脂肪族アジド基の光安定性であるが，アジド基はもともと光反応を起こしやすいことが知られていた．そこで筆者らは，芳香族アジドやジアジリンとの相対的な反応性を調べることにした．まず，フェニルアジドとベンジルアジドの混合溶液に光照射(254 nm)したところ，フェニルアジドの消失が確認された時点では，90％以上のベンジルアジドが未反応のまま残存した．続いて，同一分子内に芳香族アジド基と2つのアジドメチル基を有するC_2対称構造のトリアジド化合物を用いて，過剰量のジエチルアミン存在下で光反応(254 nm)を行ったところ，光照射によりナイトレンを生じたのち，環拡大反応を引き起こし，これにジエチルアミンが付加した化合物が生成した(図15.7)[10]．さらに，同一分子内に芳香族ジアジリニル基とアジドメチル基を有している化合物を用い，重

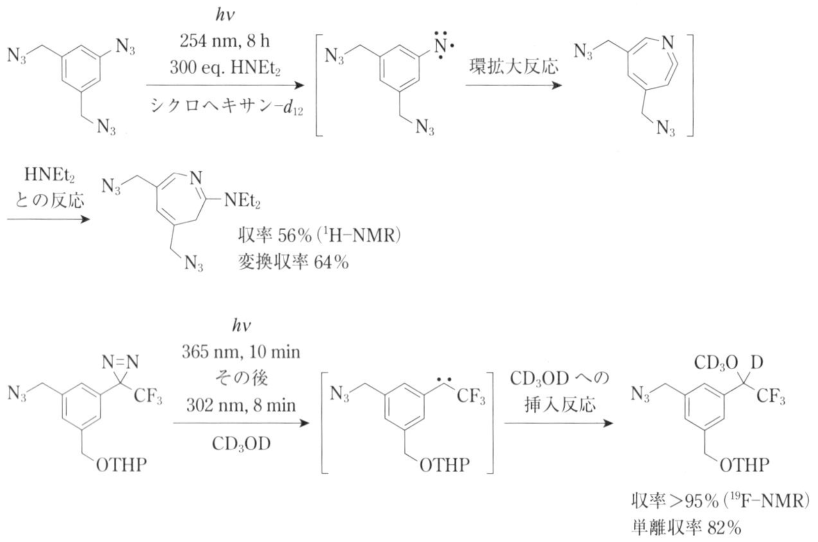

図 15.7 脂肪族アジド基対芳香族アジド基/ジアジリン.

メタノール中，光照射(365/302 nm)を行ったところ，光照射により生じたカルベンに重メタノールが付加した化合物を高収率で得た(図15.7)[10]．以上のことから，芳香族アジド基およびジアジリニル基の光反応条件下ではアジドメチル基は未反応のままであり，検出基導入用のタグとして利用できることが示唆された．

脂肪族アジド基を検出基導入用タグとして利用するnon-RI光親和性標識の応用例として，筆者らは，高脂血症治療薬であるHMG-CoA還元酵素阻害剤セリバスタチン(cerivastatin)をプローブ化したphotovastatin CAA1を合成し，これを用いてHMG-CoA還元酵素が光親和性標識できることを示した(図15.8)[10]．筆者らはさらに，筋弛緩薬であるダントロレン(dantrolene)をもとに，骨格筋の興奮収縮連関過程における細胞内への生理的Ca^{2+}放出(PCR)を特異的に抑制するジアジド型誘導体GIF-0430を合成し，これを用いた光親和性標識実験により，その標的タンパク質の光ラベル化にも成功している[11]．ちなみにこの結果は，放射性プローブ[^{125}I]GIF-0082を用いて行ったときの実験結果とよい一致を示した．これら脂肪族アジド基の導入によるプローブ化では，期待したとおり生物活性が保持された．さらにこれらの実験では，光ラベル化後の検出基導入には，蛍光性トリアリールホスフィン誘導体によるStaudinger-Bertozziライゲーションを行い，標的タンパク質を蛍光により検出したが，原理的にはビオチンやRIなど任意の光ラベル化後修飾が可能である．

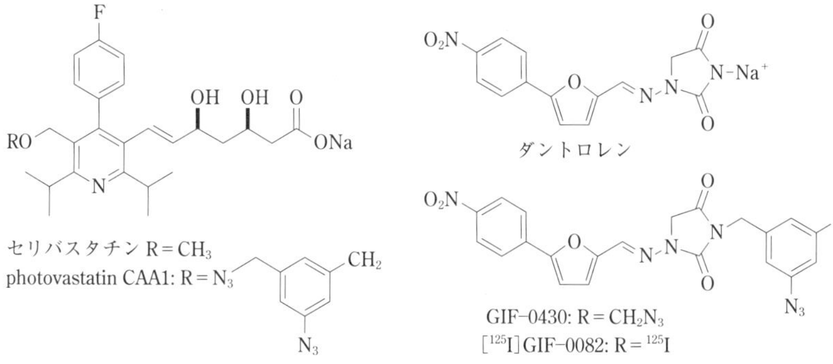

図 15.8 脂肪族アジド基を検出基導入タグとする光親和性標識プローブ.

15.4.4 エチニル基

エチニル基も，bioorthogonal な官能基であるとともに光反応には安定であり [11]，なおかつアジド基とのクリック反応が可能であるので，光ラベル化後の検出基導入用タグとして用いることができる．最近，環状デプシペプチド型の血管内皮細胞接着分子 (VCAM) 産生阻害物質のプローブ化の際に用いられている [12]．

15.5 おわりに

以上，光親和性標識法についておもに官能基に着目して簡単に紹介した．ラベル化タンパク質の解析技術については割愛したが，質量分析法をはじめこの分野の最近の進歩も著しい．光親和性標識法による標的タンパク質の探索研究には王道はなく，実際には構造活性相関研究の結果を参考にしながら多くの候補プローブを作製して，試行錯誤を積み重ねる地道な研究が必要である．標的タンパク質の候補が見つかったとしても，真にそれが標的タンパク質であることを証明するための生物学的研究にも時間がかかる．しかし，ある生物活性物質の標的分子を同定することは生物学的にインパクトが高いだけでなく，これまでに知られていない新たな分子機構に立脚した (mechanism-based) 薬剤設計を可能にする．今後も多くの光親和性標識プローブが開発・活用されるであろう．

引用文献

1) G. Dormán, *Topics in Current Chemistry*, vol. 211 (H. Waldmann ed.), p. 169, Springer-Verlag, Berlin (2001)
2) G.B. Schuster, M.S. Platz, *Adv. Photochem.*, **17**, 69 (1992)

3) J. Brunner, H. Senn, F.M. Richards, *J. Biol. Chem.*, **255**, 3313 (1980)
4) Y. Hatanaka, M. Hashimoto, Y. Kanaoka, *Bioorg. Med. Chem.*, **2**, 1367 (1994)
5) Y. Kotake, K. Sagane, T. Owa, Y. Mimori-Kiyosue, H. Shimizu, M. Uesugi, Y. Ishihama, M. Iwata, Y. Mizui, *Nature Chem. Biol.*, **3**, 570 (2007)
6) H. Fuwa, Y. Takahashi, Y. Konno, N. Watanabe, H. Miyashita, M. Sasaki, H. Natsugari, T. Kan, T. Fukuyama, T. Tomita, T. Iwatsubo, *ACS Chem. Biol.*, **2**, 408 (2007)
7) J.A. Prescher, D.H. Dube, C.R. Bertozzi, *Nature*, **430**, 873 (2004)
8) P. Wu, V.V. Fokin, *Aldrichimica Acta*, **40**, 7 (2007)
9) J.M. Baskin, J.A. Prescher, S.T. Laughlin, N.J. Agard, P.V. Chang, I.A. Miller, A. Lo, J.A. Codelli, C.R. Bertozzi, *Proc. Natl. Acad. Sci. USA*, **104**, 16793 (2007)
10) T. Hosoya, T. Hiramatsu, T. Ikemoto, M. Nakanishi, H. Aoyama, A. Hosoya, T. Iwata, K. Maruyama, M. Endo, M. Suzuki, *Org. Biomol. Chem.*, **2**, 637 (2004)
11) T. Hosoya, T. Hiramatsu, T. Ikemoto, H. Aoyama, T. Ohmae, M. Endo, M. Suzuki, *Bioorg. Med. Chem. Lett.*, **15**, 1289 (2005)
12) A.L. MacKinnon, J.L. Garrison, R.S. Hegde, J. Taunton, *J. Am. Chem. Soc.*, **129**, 14560 (2007)

16 細菌のアクチン様細胞骨格タンパク質を作用標的とする抗菌剤開発

16.1 はじめに

　細菌感染症の化学療法において，薬剤耐性菌の出現が大きな問題となっている．この問題に対抗する手段の１つは，新規作用標的を有する薬剤の開発だろう．筆者らは，抗菌剤のスクリーニング系を用いて，細菌のアクチン様細胞骨格タンパク質 MreB を作用標的とする新規抗菌剤 A22 (S-(3,4-ジクロロベンジル)イソチオ尿素) を見いだした．A22 はこれまでの抗菌剤とは異なる作用標的を有する化合物であることから，新しい抗菌剤として期待される化合物である．さらに A22 を用いる解析から，MreB タンパク質は，これまでに知られていた細胞骨格タンパク質としての機能のみならず，細菌染色体の娘細胞への分配に機能していることが明らかとなった．この発見は，細菌における細胞骨格タンパク質の多様な機能を明らかとする道具としても A22 が有効であることを示しており，抗菌剤としての有効性を広げる意味でも興味深いことである．ここでは，細菌のアクチン様細胞骨格を標的とした薬剤の構造活性相関やデザインについて議論し，薬剤の分子設計法について議論したい．

16.2　アクチン様細胞骨格タンパク質 MreB の阻害剤 A22 の発見

　まず，A22 を見いだした経緯について簡単に述べよう．筆者らは，新規標的を有する薬剤を求めて，細菌の染色体分配過程を阻害する薬剤のスクリーニング系を構築した(図16.1)[1]．これは，真核生物における有糸分裂装置のような染色体分配装置の存在が不明な，原核生物における染色体分配機構の解明をめざしたものであり，原理としては無核細胞(染色体をもたない細胞)の放出を検出する系である．系構築当初は，DNA 合成阻害剤や DNA トポイソメラーゼの阻害剤，また未知の染色体分配因子の阻害剤が見つかることを期待してスクリーニングを進めた．期待どおり，DNA 合成阻害剤や DNA トポイソメラーゼの阻害剤なども陽性を示した[2]．その一方で，形態変化を誘導する阻害剤もこの系で陽

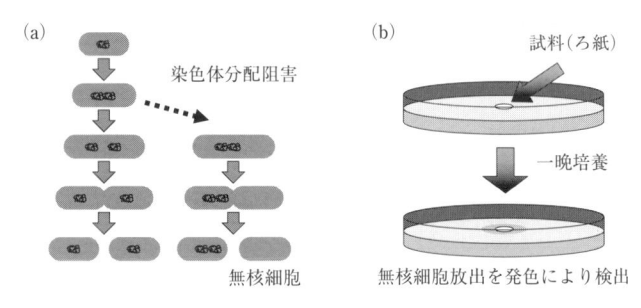

図 16.1 (a)大腸菌の細胞増殖過程と染色体分配阻害による無核細胞放出の様子．(b)染色体分配阻害剤のスクリーニング系．無核細胞が放出されると発色性の基質を活性化する仕組みをもった検定菌を寒天培地に混合し，ろ紙に染み込ませた試料の染色体分配阻害活性に応じて，ろ紙周辺が発色するスクリーニング系．

性を示した．桿菌形態を示す大腸菌を球菌化する化合物が陽性を示したのは，既知化合物のペニシリン系細胞壁合成阻害剤メシリナムがあげられ，球菌化が細胞の不等分裂を促すために無核細胞が放出されるのではないかと思われた．いずれにせよこの系では，細胞の形態変化(球菌化)を誘導する化合物もスクリーニングできるということがわかった．そのようななか，数万検体のケミカルライブラリー試料や放線菌の培養抽出物などをスクリーニングした結果，化合物 A22 に大腸菌の球菌化と無核細胞の放出および抗菌活性が認められた[3]．A22 による大腸菌の表現型はメシリナムのそれと非常に類似していたが，化学構造が大きく異なることや，メシリナムの標的であるペニシリン結合タンパク質との試験管内アッセイにおいて陰性を示したことなどから，異なる標的を有することが示唆された(図 16.2)．A22 の作用標的が決定されたのは，その後，A22 耐性菌が分離され，その変異点が MreB タンパク質内に存在することが明らかとなったからであった[4,5]．大腸菌で見

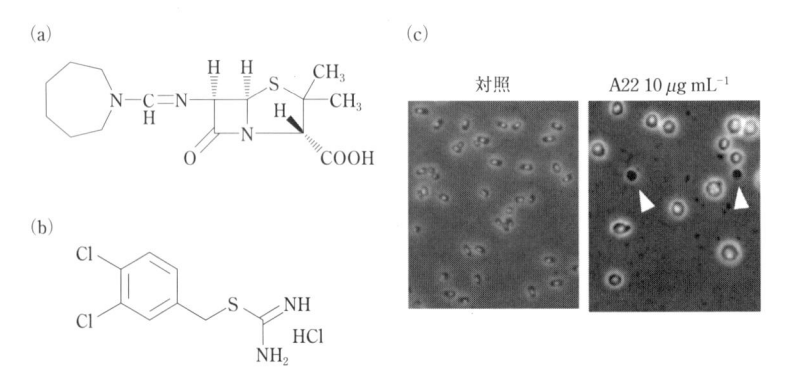

図 16.2 (a)細胞壁合成阻害剤メシリナムの化学構造．(b)A22 の化学構造．(c)A22 処理した大腸菌の DAPI 染色像．A22 処理により大腸菌は球菌化し，細胞内が白く光らない無核細胞を放出した．

つかった mreB 変異株は，1 塩基置換により 22 番めのアミノ酸アスパラギン(N)がアスパラギン酸(D)へと置換しており，この N22D 変異のみで A22 耐性が付与されることもわかった．このような背景から，次の研究展開として，作用機構解明のための，分子レベルでの薬剤−標的タンパク質間相互作用の解明が見えてきた．

16.3 構造活性相関と作用機構のシミュレーション

構造活性相関を行うにあたり，筆者らには幸運なことがいくつかあった．1つは，A22 という化合物が S−ベンジルイソチオ尿素の塩素二置換化合物であることだった．ベンゼン環上のハロゲン修飾は，化学修飾において最も単純な修飾の1つであり，非修飾化合物や他の修飾パターンの検討により有用な情報が得られることが期待された．まず，MreB タンパク質阻害剤として必須な母核構造を探るべく，化合物の骨格構造を変化させた一連の化合物群について作用や抗菌力を調べた（表 16.1）．その結果，MreB タンパク質阻害作用を示すには，S−ベンジルイソチオ尿素構造が必須となることがわかった[6]．さらに，ベ

表 16.1 A22 類縁化合物を用いる構造活性相関(1)

	化合物		最小生育阻止濃度 /μg mL^{-1} [†1]			形態[†2]
			大腸菌	サルモネラ菌	枯草菌	
1	(A22)		3.13	3.13	100	球
2			3.13	3.13	>100	球
3			100	>100	>100	球
4			>100	>100	>100	桿
5			>100	>100	>100	桿
6			>100	>100	>100	桿
7			>100	>100	>100	桿

†1 各化合物に対するグラム陰性細菌(大腸菌，サルモネラ菌)とグラム陽性細菌(枯草菌)に対する最小生育阻止濃度を示す
†2 大腸菌の形態変化を示しており，球菌化したものを球，桿(かん)菌のまま変化しなかったものを桿と表す

表 16.2 A22 類縁化合物を用いる構造活性相関(2)

化合物		最小生育阻止濃度 /μg mL$^{-1†}$		
		大腸菌	サルモネラ菌	枯草菌
1	2-Cl-C$_6$H$_4$-CH$_2$-S-C(=NH)NH$_2$·HCl	12.5	25	>100
2	3-Cl-C$_6$H$_4$-CH$_2$-S-C(=NH)NH$_2$·HCl	50	>100	50
3	4-Cl-C$_6$H$_4$-CH$_2$-S-C(=NH)NH$_2$·HCl	3.13	3.13	>100
4	2,3-Cl$_2$-C$_6$H$_3$-CH$_2$-S-C(=NH)NH$_2$·HCl	25	>100	>100
5	2,4-Cl$_2$-C$_6$H$_3$-CH$_2$-S-C(=NH)NH$_2$·HCl	1.56	1.56	>100
6	2,5-Cl$_2$-C$_6$H$_3$-CH$_2$-S-C(=NH)NH$_2$·HCl	12.5	25	>100
7	2,6-Cl$_2$-C$_6$H$_3$-CH$_2$-S-C(=NH)NH$_2$·HCl	12.5	25	>100
8	3,4-Cl$_2$-C$_6$H$_3$-CH$_2$-S-C(=NH)NH$_2$·HCl (A22)	3.13	3.13	100
9	3,5-Cl$_2$-C$_6$H$_3$-CH$_2$-S-C(=NH)NH$_2$·HCl	>100	>100	>100

† 塩素修飾化合物の最小生育阻止濃度を示す.いずれの化合物も大腸菌を球菌化

ンゼン環上への塩素置換は大腸菌やサルモネラ菌に対する抗菌力を飛躍的に向上することが明らかとなった.そして,もう1つ運がよかったのは,修飾化合物も含めてS-ベンジルイソチオ尿素類縁化合物は,比較的容易に化学合成が可能であったことである.このような背景から,類縁となるハロゲン修飾化合物を網羅的に合成し,構造活性相関を行うことができた(表 16.2, 16.3)[7].

16.3 構造活性相関と作用機構のシミュレーション

表 16.3　A22 類縁化合物を用いる構造活性相関(3)

化合物		最小生育阻止濃度 /$\mu g\ mL^{-1\dagger}$		
		大腸菌	サルモネラ菌	枯草菌
1	(構造式)	100	>100	100
2	(構造式, 4-F)	12.5	12.5	50
3	(構造式, 4-Cl)	3.13	3.13	>100
4	(構造式, 4-Br)	3.13	6.25	>100
5	(構造式, 4-I)	12.5	1.56	>100
6	(構造式, 4-CH$_3$)	12.5	25	>100

†ベンゼン環の 4 位の修飾分子について検討した結果．いずれの化合物も大腸菌の球菌化を誘導

　ハロゲンの一置換化合物では，ハロゲン分子にかかわらず，4 位，2 位，3 位の順に修飾化合物が抗菌力を示した．そして 4 位の置換体は，塩素または臭素を最も効果的な置換基として分子の大きさに相関するように抗菌力が変化した．このような結果から，ドッキングシミュレーションを用いる作用機構の類推が可能ではないかと期待される．ドッキングシミュレーションは，計算精度としては粗いことで知られており，電子軌道などを考慮したより厳密な計算による自由エネルギーの算出などが，検証においては必要となってくる．また，阻害剤の作用部位が標的タンパク質のどの部位であるかをこの方法で探索することは困難であり，あらかじめ作用すると予想される部位に，はまり込むかどうかを試してみることができる程度のものである．しかしここで，筆者らには有力な状況証拠が 1 つ存在していた．それは，A22 耐性を誘導した変異点である．この A22 耐性変異を誘導した MreB 変異点(N22D)は，MreB タンパク質の ATP 結合ポケット近傍のアミノ酸であった．MreB タンパク質はアクチン同様に ATPase 活性をもち，骨格構造を形成するために高分子化するため，この活性は必須であると考えられている．そして，A22 耐性変異がこの ATP 結合ポケット近傍に存在したということは，A22 と ATP が競合している可能性が

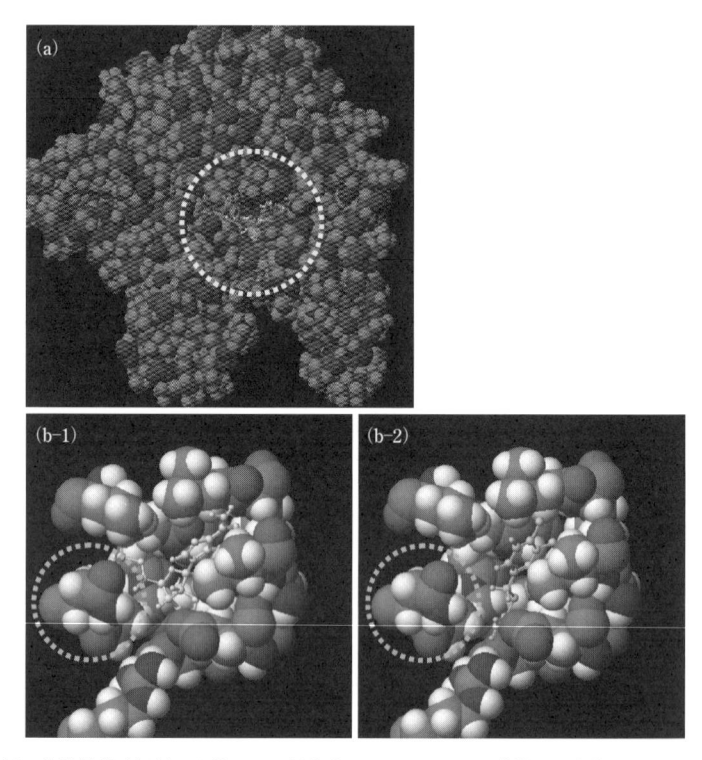

図 16.3 (a)X 線結晶構造解析から得られた好熱菌の MreB タンパク質構造．点線で示した部分の中心に ATP がはまり込む．(b)好熱菌の MreB タンパク質の ATP 結合部位．(1)ATP アナログ化合物．(2) ドッキングシミュレーションによって得られた MreB タンパク質にはまり込んだ A22 である．A22 耐性変異を示した 22 番めのアスパラギンを点線で示す．

あることを匂わせる．このような仮説に基づき，A22 の MreB タンパク質 ATP 結合ポケットに対するドッキングシミュレーションを試みた．すでに報告されている好熱菌の MreB タンパク質結晶構造情報をもとに，ATP アナログによる再ドッキングを行い，シミュレーションの精度を確認したのち，A22 のドッキングシミュレーションを行った．遺伝的アルゴリズムによるシミュレーションでは，ドッキングによる再現性は保障されていない．そのため，いくつかのパターンが結合様式として得られたが，その中で阻害パターンを合理的に解釈できる解を得た（図 16.3）．

それは，ATP のヌクレオシドが結合する部位にベンジルイソチオ尿素骨格がはまり込むという結果で，MreB タンパク質表面の本来 ATP がはまり込むはずである穴を，A22 がぴったり埋めてしまうという答えである．この結果は，詳細な検討が必要であるが，これまでの構造活性相関に矛盾のない結果である．この結果から，S-ベンジルイソチオ尿

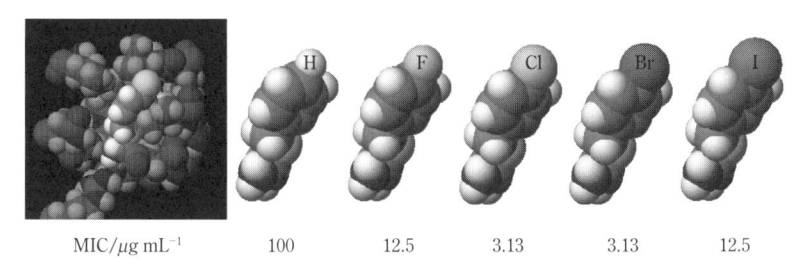

	H	F	Cl	Br	I
MIC/μg mL^{-1}	100	12.5	3.13	3.13	12.5

図16.4　ドッキングシミュレーションから得られた結合モデルをもとにしたベンジルイソチオウレアの4位の修飾分子の大きさ．4位の分子を上下に挟み込む分子はいずれもイソロイシン残基．下に示すMICは大腸菌に対する数値．

素のベンゼン環上4位の修飾効果について考察してみると，確かに塩素原子か臭素原子が空間的に適していることが伺える(図16.4)．より大きな分子が入り込める理由は，誘導適合によるタンパク質全体の構造変化が起こるものと思われるが，おそらくそれは自由エネルギー的には不安定になるものと思われる．

　このように，タンパク質構造情報と阻害剤のはまり込み様式をコンピューターで推測することにより，修飾効果の合理的解釈が可能であることを示唆できた．今後は，このような情報に基づき，抗菌力の向上をめざして，阻害剤が作用していないリン酸基がはまり込むトンネル構造へ作用できるような修飾方法を考えたい．また，生化学的解析手法として応用するために，タンパク質表面に分子を張り出すことで蛍光基を導入するなどの分子設計を試みたい．いずれにせよ，シミュレーションによる分子レベルでの作用を推測することが，ナノレベルでの効率的な分子設計を可能にするだろう．

16.4　おわりに

　最後に，アクチン様細胞骨格タンパク質研究の現状を解説しながら，この阻害剤研究の展望について触れたい．近年，MreBタンパク質には，細胞骨格タンパク質としての機能によるいくつかの付加的な作用があることが示唆されてきた．三日月型の形態が特徴的な細菌 *Caulobacter crescentus* では，MreBタンパク質が染色体の複製に関与していることが示唆された[4]．これは，A22によるMreBタンパク質阻害が，染色体の複製起点の正しい分離・分配を阻害するという解析結果からわかってきたことである．詳細な解析から，MreBタンパク質は染色体上の複製起点近傍のDNAとのみ相互作用していることが示された．つまり，染色体分配機構にMreBタンパク質が直接的に関与しているという報告例である．

　一方，大腸菌では少し異なった結果が見いだされた[5]．MreBタンパク質が染色体の複

製起点近傍と相互作用するかどうかは確認されていないが，転写装置であるRNAポリメラーゼがMreBと直接的に相互作用して染色体の分配を誘導している可能性が見いだされた．このモデルは非常に大胆な仮説であるが，MreBタンパク質をレールとしてRNAポリメラーゼがそのレール上を走りながら，転写する駆動力で染色体を分配するというものである．一見すると突拍子もない発想であるが，そもそも真核生物には有糸分裂装置とよばれる染色体を分配するレールが存在する．また，RNAポリメラーゼの駆動力は真核生物に存在するミオシンなどのモータータンパク質に比べて強く，染色体を動かす原動力としては十分合理的である[8,9]．さらに，転写活性が高いリボソームRNAオペロンが染色体の複製起点に複数存在していることは，このような仮説を支持する状況証拠の1つかもしれない．この報告は，MreBタンパク質が染色体の分配にレールタンパク質として間接的に関与していることを示唆する例である．2つの例を合わせて考えると，MreBタンパク質が細胞の形態維持のための骨格タンパク質として機能しているだけでなく，DNA複製に関連した細菌の細胞周期に大きく関与している可能性を示しており，今後の阻害剤研究が新たな細胞内機能の発見に繋がることを期待させる．また最近では，MreBタンパク質による骨格構造体が病原性細菌の病原因子発現に関与していることが報告された[10,11]．さまざまな種類の細菌を用いる解析を行うことで，細菌の細胞骨格タンパク質ワールドが明らかになってくるだろう．

　一方，アクチン様細胞骨格タンパク質には，MreBタンパク質ホモログ以外にも別のホモログが存在することが明らかとなってきている．現在までに，MreBタンパク質ホモログを含めて，3種類のホモログの存在が明らかとなった．ParMタンパク質ホモログとMamKタンパク質ホモログである．大腸菌のR1プラスミドにコードされるアクチンホモログParMタンパク質は，細菌のアクチン様タンパク質がはじめてDNAの分配に関与することを示した例である[12,13]．ParMタンパク質は細胞内に繊維構造を形成し，その繊維に沿って薬剤耐性プラスミドを分配し，その様はまさに有糸分裂装置のミニチュア版ともいえるものだった．この発見は，のちのMreBタンパク質による染色体分配の発見に大いにヒントとなったことは，いうまでもなかった．三番めに見つかったMamKタンパク質ホモログは，磁性細菌の磁性器官 (magnetsome) の整列と細胞膜への陥入に関与する因子として同定されたタンパク質である[14]．いずれも，細菌の細胞内で輸送や分配にかかわる構造体が必要であることを示しており，その役割をアクチンホモログが担っていることは明白である．今後もさまざまな輸送機能などでアクチン様タンパク質の関与が期待され，阻害剤研究の本領が発揮される場面も多いことだろう．そして，それぞれのホモログタンパク質に適応された阻害剤のナノレベルでのデザインが要求されてくる．筆者らの研究が，今後の細菌の細胞骨格タンパク質ワールドの解明に寄与できることを期待している．

引用文献

1) M. Wachi, N. Iwai, A. Kunihisa, K. Nagai, *EGTA. Biochimie*, **81**, 909 (1999)
2) Y. Oyamada, H. Ito, M. Fujimoto-Nakamura, A. Tanitame, N. Iwai, K. Nagai, J. Yamagishi, M. Wachi, *Antimicrob. Agents Chemother.*, **50**, 348 (2006)
3) N. Iwai, K. Nagai, M. Wachi, *Biosci. Biotechnol. Biochem.*, **66**, 2658 (2002)
4) Z. Gitai, N.A. Dye, A. Reisenauer, M. Wachi, L. Shapiro, *Cell*, **120**, 329 (2005)
5) T. Kruse, B. Blagoev, A. Lobner-Olesen, M. Wachi, K. Sasaki, N. Iwai, M. Mann, K. Gerdes, *Genes Dev.*, **20**, 113 (2006)
6) N. Iwai, T. Ebata, H. Nagura, T. Kitazume, K. Nagai, M. Wachi, *Biosci. Biotechnol. Biochem.*, **68**, 2265 (2004)
7) N. Iwai, T. Fujii, H. Nagura, M. Wachi, T. Kitazume, *Biosci. Biotechnol. Biochem.*, **71**, 246 (2007)
8) J. Gelles, R. Landick, *Cell*, **93**, 13 (1998)
9) M.D. Wang, M.J. Schnitzer, H. Yin, R. Landick, J. Gelles, S.M. Block, *Science*, **282**, 902 (1998)
10) T. Nilsen, A.W. Yan, G. Gale, M.B. Goldberg, *J. Bacteriol.*, **187**, 6187 (2005)
11) N. Noguchi, K. Yanagimoto, H. Nakaminami, M. Wakabayashi, N. Iwai, M. Wachi, M. Sasatsu, *Biol. Pharm. Bull.*, **31**, 1327 (2008)
12) J. Moller-Jensen, R.B. Jensen, J. Lowe, K. Gerdes, *EMBO J.*, **21**, 3119 (2002)
13) F. van den Ent, J. Moller-Jensen, L.A. Amos, K. Gerdes, J. Lowe, *EMBO J.*, **21**, 6935 (2002)
14) A. Komeili, Z. Li, D.K. Newman, G.J. Jensen, *Science*, **311**, 242 (2006)

17 生分解性高分子材料

17.1 はじめに

　生体適合性，生体内吸収性をもつ生分解性高分子材料は，高分子としての特徴と生体材料としての特徴をあわせもつ材料として，近年医用材料に応用されている．現在の石油を原料とする高分子材料生産システムは，2つの大きな問題を抱えている[1]．1つは，原料の石油がいずれは枯渇する有限化石資源であることである．権威ある機関の予測によれば，石油採掘量は2000年前後数年がピーク期であり，その後減少に転じ，2040～2050年には1950年代の水準にまで低下する[2]．第2の問題は，使用後のプラスチックが引き起こす環境破壊である．環境中に流出したプラスチック廃棄物が環境・生態系を破壊していることはよく知られている．

　21世紀は，20世紀後半の大量生産と大量消費を前提とする社会システムを見直し，地球環境の保全と持続可能な循環型社会が構築されなければならない世紀といわれ，石油資源の節約と環境への負荷の少ない代替エネルギー資源の開発は，急務の課題になっている．ここでは，有限化石資源の石油ではなく，再生可能な生物資源を原料とするバイオベースの持続型・環境共生型生分解性高分子材料の開発と医用材料への応用について解説する．

17.2　生分解性高分子材料[1,3]

17.2.1　生分解性高分子材料とは

　生物・生体に接触しない条件では，石油由来プラスチックをはじめとする普通の高分子材料と同様の性質を示すが，生物が生息する自然環境，コンポスト(堆肥)装置など，あるいは生体内環境においては，ある時間内に生物により分解，資化され，最終的には二酸化炭素と水に変換され，環境に蓄積することのない高分子材料を，生分解性高分子材料という．

生物による分解とは，生物が分泌する酵素の触媒作用による生物化学的分解を意味している．酵素には基質特異性があるために，ある種の高分子材料を分解する酵素（生物）がすべての生分解性高分子材料を分解できるわけではない．高分子材料の生分解性は，その分子化学構造はもとより，結晶質であるか非晶質であるか，繊維であるかフィルムであるかといった物理的形態にも強く依存する[4]．高分子材料の生分解過程は複雑であり，生分解性高分子材料の生分解機構の解明と生分解速度の制御は，新規の生分解性高分子材料の開発とともに重要な研究課題の1つになっている．高分子材料の生分解反応の多くは，エステル結合，ペプチド結合，グリコシド結合といった，脱水縮合反応により形成される化学結合の加水分解により起こる反応であるため，多くの生分解性高分子材料は単純加水分解により分解する．しかし単純加水分解は，酵素が関与する生分解とは異なり基質特異性がないので，酵素的分解とは区別して化学分解とよぶことがある．生分解性高分子材料は環境共生型材料として重要である．またデンプン，植物油などの生物資源を原料として生産されるバイオベース高分子材料は，持続型高分子材料でもある．さらにまた，多くの生分解性高分子材料は生体適合性，生体内吸収性をもつので，医用高分子材料としても重要である．

17.2.2　生分解性高分子材料の種類

　現在までに知られている主要生分解性高分子材料は，その由来，起源から分類すると，
　1）生物産生系：タンパク質，核酸，多糖，ポリヒドロキシアルカン酸など
　2）化学合成系：ポリ乳酸，ポリ-ε-カプロラクトン，ポリコハク酸ブチレンなどの脂肪族ポリエステル，ポリアスパラギン酸，ポリビニルアルコールなど
　3）天然物利用系：多糖誘導体など
の3つに大別される．

　主要生分解性高分子材料を化学構造に基づいて分類すると，次のようになる．カッコ内は生分解を受ける化学結合を示す．
　1）ポリエステル（オキソエステル結合）
　2）タンパク質，ポリペプチド（ペプチド結合）
　3）核酸（リン酸エステル結合）
　4）多糖（グリコシド結合）
　5）その他：ポリビニルアルコール，ポリエチレングリコールなど
　これらの生分解性高分子材料のうち，ポリエステル，ポリビニルアルコール，ポリエチレングリコールなどの熱可塑性を示すものはとくに生分解性プラスチックとよび，溶融成型・加工が可能であることから，工業的に重要な材料である．

17.2.3 生分解性高分子材料の用途

　生分解性高分子材料，とくにバイオベースの生分解性プラスチックが，再生可能な生物有機資源から生産される持続型材料であり，また環境中で生物により分解，資化され，有害物質を環境中に放出することのない環境共生型材料でもあることは，石油由来の非生分解性プラスチックに代替する高分子材料として意義があり，また重要である．生分解性プラスチックを用いる食品容器，農業用マルチフィルム，ごみ袋などが実用化されており，また車の内装品，パソコンや携帯電話でも構造材としても使用されるようになっている．
　近年，医用材料への応用をめざした生分解性高分子材料の開発が目ざましく進展している[3,5,6]．生分解性高分子材料は，とくに歯・骨欠損部の一時的補綴（ほてつ）材，三次元多孔構造をもつ再生医工学用足場材料，持続的ならびに制御薬物送達・放出のためのマトリックス材などの治療デバイスの材料として適している．医用高分子材料への応用では，効果的な治療を達成するために，高分子材料が生体適合性，生分解性をもつことはもとより，治療用途に応じた適切な物理的・化学的・生物学的・生物力学的性質をもつことが要求される．したがって，生分解性高分子材料を医用材料として応用するためには，加水分解または酵素的分解により，分解可能な広範な天然または化学合成高分子材料の開発・研究が必要である．以下では代表的な数種の生分解性高分子材料を紹介する．

17.3　代表的な生分解性高分子材料

　典型的な生分解性プラスチックのほとんどは，脂肪族ポリエステルに分類される．化学構造単位が最も単純な脂肪族ポリエステルは，(17.1)式に示すポリグリコール酸（PGA）である．

$$-[-O-CH_2-CO-]_x- \qquad (17.1)$$

PGA は，入手容易なグリコール酸の脱水縮合，ハロ酢酸からグリコリドを経由する開環重合，さらには CO とホルムアルデヒドの共重合などにより合成される．PGA は生体内にて加水分解されて代謝系に入り，CO_2 と水にまで分解されて体外に排出されることから，医用材料として利用できる．すでに手術用縫合糸として実用化されている．しかし，PGA は高融点（約 225℃），高結晶性で，ほとんどの汎用有機溶媒には不溶であることから，難加工性材料である．これらの欠点を改善し，さらに分解性を制御するために，グリコール酸-グリコリドと乳酸，ラクトン類などとの共重合体が開発されている．

17.3.1　ポリ乳酸

　生分解性高分子材料の中で最も大量に生産され実用化が進んでいるのは，ポリ乳酸

(PLA)である．PLAは，糖質の発酵で得られる乳酸を重合することにより得られる熱可塑性プラスチックであり，繰り返し単位の化学構造は(17.2)式により表される．発酵合成される乳酸は，生物種に依存して光学異性L体，D体またはラセミ体になる．

$$-[-O-CH(CH_3)-CO-]_x- \qquad (17.2)$$

乳酸の重合には，乳酸を直接重縮合する方法と，乳酸を環状二量体であるラクチドに変換したあと開環重合する方法とがあり，いずれの方法も実用化されている．これらの重合過程で乳酸単位の光学異性構造の変化(ラセミ化)が起こりうる．重合過程での光学純度調整と高分子量化が，ポリ乳酸の固体形態，熱的・機械的性質，分解性に大きな影響を及ぼす重要制御項目である．

ポリ乳酸の性質は，ポリマー鎖の繰返し単位である乳酸の光学純度に依存して大きく変化する．100%に近いL体組成をもつ中～高分子量PLA(PLLA)試料の結晶性は高く，融点は約180℃である．PLLA中のD体の組成が増加すると結晶化度と融点はともに急激に低下し，D体組成約10%で融点は約145℃になる．ほぼ等量のL体とD体がランダム配置したP(D,L-LA)は融点を示さず，非晶質である．PLAの熱成型加工性に大きな影響を及ぼすガラス転移温度のD,L組成依存性は大きくはなく，ほぼ約60℃である．D,L組成の調節，植物繊維の添加などにより，高耐熱性，高剛性，硬質・軟質の幅広い材料特性をもたせることが可能であり，また無機系難燃化剤の添加により，難燃性PLA複合材料が得られる．PLAは溶融成型が容易であるため，繊維，フィルムあるいは成型品として利用することが可能である．他の多くの脂肪族ポリエステルと比べてPLAは機械的強度にすぐれるので，金属に代わる骨折固定材やメッシュなどの外科用材料として利用され，また薬物送達システムにも応用されている．

中～高分子量のPLAを生分解する微生物は存在する[7]が，普通の環境に広く生息する微生物とはいえず，したがってPLAは難生分解性プラスチックである．しかし，PLAは高温，高湿度の条件では容易に加水分解し，その分子量が急速に低下する．PLLAは，プロティナーゼKのような微生物由来のタンパク質分解酵素により容易に加水分解される[8]が，基質特異性によりPDLAは分解されない．PLAは，加熱により簡単に低分子量ポリ乳酸あるいは二量体ラクチドにまで分解するので化学的リサイクルが可能であり，また酵素を利用する生物的リサイクルも可能である．

17.3.2 微生物産生ポリヒドロキシアルカン酸

種々の原核生物が，2種類の非窒素系有機化合物すなわち多糖グリコーゲンとポリエステルであるポリ(3-ヒドロキシ酪酸)[P(3HB)]の一方，または両方を生合成し，炭素源とエネルギー源として菌体内に貯蔵している．(17.3)式に示すP(3HB)は，化学的には石

油を原料として生産されるポリ(エチレンテレフタラート),いわゆる PET と同じポリエステルに分類される熱可塑性プラスチックである.

$$-[-O-\underset{|}{CH}-CH_2-CO-]_x- \quad\quad (17.3)$$
$$CH_3$$

今までに,P(3HB)を生産する多種多様な微生物(PHB 生産菌)が発見されており,P(3HB)生合成経路が遺伝子レベルで解明されている.典型的 PHB 生産菌は,炭水化物(糖質),脂肪,タンパク質などの有機物(栄養素)を,それぞれの代謝経路を経由してアセチル-CoA(CoA, coenzyme A または補酵素 A)に変換し,これを重合酵素により重合して P(3HB)を生成する[9].微生物は,必要に応じて菌体内ポリエステル分解酵素により P(3HB)をモノマーのアセチル-CoA まで分解し,クエン酸回路(クレブス回路)を通して,生命活動の維持に必要な物質や生物学的エネルギー(アデノシン 5'-三リン酸,ATP)を作る[9].

1970 年代に,微生物が P(3HB)以外にも(17.4)式に示す 3-ヒドロキシ酪酸-3-ヒドロキシ吉草酸共重合ポリエステル P(3HB-co-3HV)を合成していることが発見されて以来,微生物は P(3HB)以外の多様なポリエステル(総称してポリヒドロキシアルカン酸(PHA))を合成することが明らかになってきた.また 1980〜1990 年代にかけて,菌株の種類を変える,あるいは種々の栄養源(炭素源化合物)を PHA 生産菌に与えると,種々の 3HV 単位組成をもつ P(3HB-co-3HV)を生合成できることが明らかになったことにより,微生物による PHA 合成の研究は大きく進展した.現在までに多種類の PHA 生産菌が発見され,また遺伝子組換え菌が導入されるなどの技術革新があり,(17.5)式の 3-ヒドロキシ酪酸-3-ヒドロキシプロピオン酸共重合体[P(3HB-co-3HP)][10],(17.6)式の 3-ヒドロキシ酪酸-4-ヒドロキシ酪酸共重合体[P(3HB-co-4HB)][11]など,炭素原子数 10 を超える 3-ヒドロキシアルカン酸繰返し単位からなる PHA,側鎖に不飽和基,芳香環,あるいはハロゲン原子を含む PHA など,化学構造が異なる 150 種以上の PHA が微生物を利用して合成できるようになった[12].PHA 生産菌由来の遺伝子を導入した植物中での PHA 合成も,原理的には可能になっている[13].

$$-[-O-\underset{|}{CH}-CH_2-CO-]_x-[-O-\underset{|}{CH}-CH_2-CO-]_y \quad (17.4)$$
$$CH_3 CH_2CH_3$$

$$-[-O-\underset{|}{CH}-CH_2-CO-]_x-[-O-CH_2-CH_2-CO-]_y- \quad (17.5)$$
$$CH_3$$

$$-[-O-\underset{|}{CH}-CH_2-CO-]_x-[-O-CH_2-CH_2-CH_2-CO-]_y- \quad (17.6)$$
$$CH_3$$

PHA の大規模発酵生産技術は,1980 年代早々に英国の化学会社により初めて開発され

た．この技術では，PHA生産菌 *Ralstonia eutropha* を使用し，グルコースとプロピオン酸からなる混合炭素源から，P(3HB-co-3HV)（3HV単位組成約30 mol%未満）を合成する．日本の企業は，メタノール資化性細菌を使用し，廉価な炭素源化合物メタノールからP(3HB)を高効率生産する技術を開発しており[1]，また遺伝子組換え *Ralstonia eutropha* を使用して，植物油から(17.7)式に示す3-ヒドロキシ酪酸-3-ヒドロキシヘキサン酸共重合ポリエステル P(3HB-co-3HH)を生産している[14]．

$$-[-O-\underset{|}{\overset{CH_3}{CH}}-CH_2-CO-]_x-[-O-\underset{|}{\overset{CH_2CH_2CH_3}{CH}}-CH_2-CO-]_y \quad (17.7)$$

微生物産生 P(3HB)は，主鎖骨格に不斉炭素原子をもつ光学活性高分子であり，溶融状態からの結晶化によりきわめて大きな球晶を形成し，最終結晶化度は60～80%にも達する．P(3HB)の引張強度，ヤング率などの機械的性質は石油由来のポリプロピレン(PP)に匹敵するが，破壊伸びはわずか6%程度でありPP(40%)に比べて低い．P(3HB)は天然物であり，すぐれたガス遮断性，嫌気的条件でも速やかに生分解するなどの特徴をもつ熱可塑性高分子材料である．

前述のように，微生物により P(3HB)ホモポリマーばかりでなく，天然および非天然の炭素源化合物を原料とすることにより，多様な性質をもつ PHA を合成できる．それらのほとんどは共重合体である[12]．

微生物産生 PHA 共重合体は基本的にはランダム共重合体であり，一般の化学合成共重合体の場合と同様に，固体構造と性質は共重合体鎖を構成するコモノマー単位の化学構造と組成に依存して変化する．生分解性プラスチックの生分解性は，化学構造ばかりでなく固体構造，とくに結晶構造および結晶化度，配向状態，ガラス転移温度などに依存するので，固体構造の解析と制御は物性と生分解性を制御するうえで重要である．

17.4 おわりに

微生物産生 PHA の最大の特徴は，自然環境下で容易に生分解することにある．PHA 生産菌は，その菌体内に PHA 分解酵素をもち，自身が産生した PHA を分解し資化する．多種類の微生物は，自身は PHA を生合成することはできないが，PHA 分解酵素は生合成し，これを菌体外に分泌して PHA を分解，資化するという能力をもつ．P(3HB)分解菌が菌体外に分泌する P(3HB)分解酵素については，酵素の分子構造と作用機構が遺伝子解析を含む種々の生化学的方法により調べられている[1]．P(3HB)分解酵素により，結晶性の微生物産生 P(3HB)はもとより結晶性の化学合成(非天然)ポリ(3-ヒドロキシプロピオン酸)なども分解されるが[15]，非晶性の化学合成 P(3HB)は分解されにくく[16]，化学合成ポリ(乳酸)やポリ(ε-カプロラクトン)は全く分解されない．

微生物産生 PHA は，もともと生体内で産生，蓄積される高分子であることから，きわめてすぐれた生体適合性をもつ．この生体適合性を用いて種々の医用材料が開発されている．

引用文献

1) 井上義夫監，グリーンプラスチック最新技術，シーエムシー出版(2002)
2) R.A. Kerr, *Science*, **281**, 1128(1998)
3) 土肥義治(編集代表)，生分解性プラスチックハンドブック，エヌ・ティー・エス(1995)
4) 井上義夫，高分子，**50**, 374(2001)
5) L.S. Nair, C.T. Laurencin, *Prog. Polym. Sci.*, **32**, 762(2007)
6) S. Chaterji, I.K. Kwon, K. Park, *Prog. Polym. Sci.*, **32**, 1083(2007)
7) K. Tomita,Y. Kuroki, K. Nagai, *J. Biosci. Bioeng.*, **87**, 752(1999)
8) Y. Kikkawa, H. Abe, T. Iwata, Y. Inoue, Y. Doi, *Biomacromolecules*, **3**, 350(2002)
9) R.Y. Stanier, E.A. Adelberg, J.L. Ingraham, M.L. Wheelis(高橋甫，斉藤日向，手塚泰彦，水島昭二，山口英世共訳)，微生物学，入門編，p.130，培風館(1980)
10) A. Cao, M. Ichikawa, T. Ikejima, N. Yoshie, Y. Inoue, *Macromol. Chem. Phys.*, **198**, 3539(1997)
11) K. Ishida, W. Yi, Y. Inoue, *Biomacromolecules*, **2**, 1285(2001)
12) A. Steinbuchel, *Macromol. Biosci.*, **1**, 1(2001)
13) Y. Poirier, D. Dennis, K. Klomparens, C.R. Somerville, *Science*, **256**, 520(1992)
14) T. Fukui, Y. Doi, *Appl. Microbiol. Biotechnol.* **49**, 333(1998)
15) A. Cao, Y. Arai, N. Yoshie, K. Kasuya, Y. Doi, Y. Inoue, *Polymer*, **40**, 6821(1999)
16) Y. He, X. Shuai, K. Kasuya, Y. Doi, Y. Inoue, *Biomacromolecules*, **2**, 1045(2001)

# 索　引

あ

青色蛍光タンパク質　41
アクチン様細胞骨格タンパク質　151
アクティブターゲッティング法　104
アザチタナサイクル　123
アシアロ糖タンパク質レセプター　101, 104
アダプター分子　4
アビジン-ビオチンコンプレックス法　45
アフィニティー
　──クロマト精製　146
　──磁性ビーズ　1, 4, 6, 9, 10
　──ラテックスビーズ　1, 8, 10
アポイクオリン　40, 44
2-アミノプリン　32, 33, 34, 37
4-アミノ-6-メチル-7(8H)-プテリジン　33
1-アルコキシ-1-メチルエチル基　23
アルコール脱水素酵素　131
アレル　17
アンチセンス分子　25

い・う

イクオリン　39
一塩基多型　13, 15, 17, 19, 20
遺伝子ノックアウトマウス　75
イムノアッセイ法　45, 47
インテグリン　106
うつ病　84

え

栄養外胚葉　68
エポキシイソプロスタン・ホスホコリン
　110, 115
エポキシ IPA$_2$ ホスホリルコリン　116
塩基性繊維芽細胞増殖因子　71
塩酸セトラキサート　139
エンドサイトーシス　61, 63, 64, 104
エンドソーム　61, 63, 64

か

化学修飾法　141
化学的リサイクル　163
核酸
　── -核酸相互作用　34
　──高次構造　34
　── -タンパク質相互作用　31, 32
加水分解酵素　136
カテコールアミン　79, 81, 82
カドヘリン　106
カルシウム結合型発光タンパク質　39
環境共生型材料　161, 162
環境低負荷　118, 127
幹細胞　51, 68
　人工多能性──　76
肝細胞
　──移植療法　102
　──接着　101
　──増殖因子　89

き

キナーゼ阻害剤　3
キニーネ　110
吸収上皮細胞　49, 50, 51, 58
共鳴エネルギー移動　40
共役付加反応　127
極大吸収波長　31

く・け

クライティン-II　40, 47
クラスター効果　99, 100
クラス E Vps タンパク質　64
グリコーゲンシンターゼキナーゼ 3β　52
グリーンケミストリー　132, 140
蛍光色素　30
蛍光性核酸塩基　30
検出基導入用タグ　148

167

索引

こ
光学異性化　135
光学活性化合物　131
抗菌剤　151
光合成生物　134
高フェニルアラニン血症　82, 83, 86

さ
細菌感染症の化学療法　151
サイクリン依存性キナーゼ　93
再生医療　75, 77, 100, 108
細胞
　——外マトリックス　98, 101, 105
　——間接着分子　98, 105
　——周期　92
　——増殖因子　59, 89, 107
三環性化合物　35, 36
三重鎖形成　37
　——核酸　37

し・す
1,3-ジアザ-2-オキソフェノキサジン　33
1,3-ジアザ-2-オキソフェノチアジン　33
ジアジリン　143
シアノエチル基　24
シアノエトキシメチル基　24
磁気温熱療法　2, 9
　——剤　2, 10
磁気センサー　9
磁気発熱　2, 9
シグナル伝達分子　89
シクロチアゾマイシン　124
N-ジクロロアセチル-N-メチル(4-アミノフェニル)メトキシメチル基　24
S-(3,4-ジクロロベンジル)イソチオ尿素　151
脂肪族ポリエステル　162
2'-O-修飾 RNA　25
受容体ダウンレギュレーション　60, 63, 65, 66
小児自閉症　84

上皮細胞増殖因子受容体　59, 65, 95
ジルチアゼム　138
神経内分泌細胞　49, 50
人工多能性幹細胞　76
ストレプトアビジン　45, 146

せ
精神神経反応　114
生体
　——触媒　131
　——適合性　160, 161, 162, 166
　——内吸収性　160, 161
生物的リサイクル　163
生分解性
　——高分子材料　160
　——プラスチック　161, 162, 165
セドレン　128
セピアプテリン還元酵素　80, 83, 84, 85, 86
セレンテラジン　40, 44, 45, 47
セレンテラミド　41
セロトニン　79, 81, 82, 84
前駆細胞　68
染色体分配機構　157
選択的セロトニン再取り込み阻害薬　84
全能性　68, 69

そ
桑実胚　68
増殖因子受容体　59, 89
増殖抑制の機構　90
疎水性ポリマー　133

た
多剤耐性　14
脱ユビキチン化酵素　62, 65, 66
多胞体　61
タモキシフェン　125
タンパク質キナーゼ　91, 94

ち
チエノ[3,4-d]ピリミジン　34

チ

チタナサイクル　119, 125, 126
チチカビの乾燥菌体　131
中空繊維型膜バイオリアクター　138
腸管上皮細胞　49
超臨界状態　134
チロシンキナーゼ　59, 89
チロシン水酸化酵素　79, 81, 82, 85
鎮痛作用　114

て

テトラヒドロカンナビノール　110, 114
テトラヒドロビオプテリン　79
転写因子
　——Atoh1　51, 57
　——bHLH　51

と

動脈硬化　86, 115, 117
ドッキングシミュレーション　155
ドーパ反応性ジストニア　83
ドーパミン　79, 81, 84, 85
　——作動性ニューロン　81, 85
トランスジェニックマウス　75
トリプトファン水酸化酵素　79, 81, 82
トリフルオロメチルジアジリニル基　143, 146
トリプルA法　46
2-(トリメチルシリル)エトキシカルボニル基　112

な・に

内部細胞塊　68, 69, 70, 75
内分泌細胞　49, 52, 58
二環性ヌクレオシド　35

ね・の

熱可塑性プラスチック　163, 164
(−)-ネプラノシン　137
ノルアドレナリン　79, 81, 82

は

バイオマテリアル　98
杯細胞　49, 50, 54, 58
　——形質抑制作用　56
胚性幹細胞　68, 84, 106
胚盤胞　68, 69, 70, 73, 75
ハイブリダイゼーション　31, 32, 33, 36
バイヤー・ビリガー酸化　135
培養基材　106
パーキンソン病　85
白血病抑制因子　71
発光タンパク質　39
パッシブターゲッティング法　104
発生工学　75
パネート細胞　49, 50, 52, 58

ひ

ヒアルロン酸結合レセプター　105
ビオチン　43, 45, 145
光親和性ビオチン化法　146
光親和性標識
　——プローブ　142
　——法　141
光反応性官能基　141, 142, 146
ビス[(3-アセトキシプロピル)オキシ]メチル基　23
ひずみ誘起[3+2]環化付加反応　147
3-ヒドロキシ酪酸-3-ヒドロキシ吉草酸共重合ポリエステル　164
3-ヒドロキシ酪酸-3-ヒドロキシヘキサン酸共重合ポリエステル　165
8-ビニルアデニン　34
6-ピルボイルテトラヒドロプテリン　80
　——合成酵素　80, 82, 83
ピレスロイド　137

ふ

フィーダー素材　72
フェニルアラニン水酸化酵素　79, 81, 82
フェライト　1, 4, 9, 47
不斉還元　131, 132, 134, 135

索　引

不斉酸化　135
2-t-ブチルジチオメチル基　24
プライマー　18
プロテアソーム　52, 62
　　——系タンパク分解　52
分化制御　49, 51, 57
分化誘導　51, 55, 75, 77

へ
ヘテロ（野生型）　18
変異型ホモ　18
S-ベンジルイソチオ尿素　153
ペンタレノラクトン　128

ほ
芳香族アジド基　142, 147
放射性同位元素　145
ホモ（野生型、変異型）　18
ポリ乳酸　162
ポリヒドロキシアルカン酸　161, 163
ポリ（3-ヒドロキシ酪酸）　163, 165

め・も
メタノール資化性細菌　165
メタラサイクル　119, 124, 128
2′-O-メチル RNA　25
6-メチル-3H-ピロロ[2,3-d]ピリミジン-2-オン　32
2′-O-メトキシエチル RNA　26
2′-O-メトキシエトキシ修飾 RNA　25
メトトレキセート　6
免疫抑制剤　5, 8
モノアミン神経伝達物質　79, 83
モル吸光係数　31

や・ゆ
薬剤耐性菌　151
薬剤-標的タンパク質間相互作用　153
薬物応答性遺伝子　20
薬物輸送システム（薬物送達システム）　2, 87, 98, 163

野生型ヘテロ　18
野生型ホモ　18
ユビキチン
　　——化　52, 60, 61, 63, 64, 65
　　——活性化酵素　62
　　——転移酵素　62, 63
　　——連結酵素　62, 63, 65

ら・り
ラクトース結合ポリスチレン　101
リサイクリング経路　61, 63
リソソーム　50, 60, 61, 63, 64, 65
　　——経路　61, 63, 65
リパーゼ　131, 136, 137
量子収率　31
緑色蛍光タンパク質　40

る・れ・ろ
ルシフェラーゼ　39, 41, 47
ルシフェリン　39
レクチン　99, 105
レッペ反応　119, 121
ロラタジン　122

わ
ワンポット多成分カップリング反応　118, 125

欧文
A22　151
ABC トランスポーター　14
alcyopterosin A　121
2AP　32, 33, 34, 37
ASGPR　101, 102
Atoh1　51, 57
Baeyer–Villiger 酸化　135
basic helix–loop–helix 転写因子　51
BFP　41
bHLH 転写因子　51
blue fluorescent protein → BFP
BNA → LNA

索引

Ca²⁺検出プローブ 45
CEM 基 24
dC^hpp 35
dC^ppp 35, 36
DDS 2, 98, 102, 104
DNA アレイ法 20
drug delivery system → DDS
DTM 基 24
E1 酵素 62
E2 酵素 62, 63
E3 酵素 62, 63, 65
EGF 受容体 59, 65
　——遺伝子 95
embryonic stem 細胞 → ES 細胞
epidermal growth factor 受容体 → EGF 受容体
ES 細胞 68, 84, 106
FG ビーズ 1, 4, 6, 9, 10
GFP 40, 42, 48
green fluorescent protein → GFP
GSK3β 52
　——阻害剤 52
Hath1 51, 52, 55, 57
hepatocyte growth factor → HGF
HGF → 肝細胞増殖因子
Huisgen 1,3-双極子環化付加反応 147
induced pluripotent stem cell → iPS 細胞
Invader 法 20
iPS 細胞 75
LNA 27
MamK タンパク質 158
6MAP 33
MEK 阻害剤 91, 93, 95
MOE 修飾 RNA 25
MreB タンパク質阻害剤 153
multivesicular body → MVB
MVB 61
non-RI 光親和性標識 148
NOS 81
Notch シグナル 51, 55, 57

Off-target 効果 28
P(3HB) 163, 165
　——分解酵素 165
P(3HB-co-3HH) 165
P(3HB-co-3HV) 164
PAH 79, 81, 82
ParM タンパク質 158
PCR-RFLP 法 20
PHA 分解酵素 165
PHB 生産菌 164
photoaffinity probe 142
PLA 163
PTP 80
PTS 80, 82, 83
PVLA 101, 102
pyrrolo-C 32
RB(タンパク質) 93, 95
Reppe 反応 119, 121
RNA の化学合成 22
RNAi 22, 25, 28
SG ビーズ 1, 8, 10
short interfering RNA → siRNA
single nucleotide polymorphism → SNP
siRNA 22, 23, 25, 52, 92, 93, 96
SMAP 法 17, 18, 20
smart amplification process → SMAP 法
SNP 13, 15, 17, 19, 20
SPR 80, 83, 84, 85, 86
　——欠損症 83
SSRI 84
Staudinger-Bertozzi ライゲーション 147
tC 33
tC^O 33
TEM 基 24
TFO 37
TH 79, 81, 82, 85
Tom 基 23
TPH 79, 81, 82
8vA 34
Wnt シグナル 51, 52, 57

171

◆編者紹介◆

関根 光雄
せきね みつお

理学博士
1972年東京工業大学理学部化学科卒業．1977年東京工業大学大学院理工学研究科博士課程化学専攻修了．
1977年東京工業大学大学院総合理工学研究科助手，同講師，理学部助教授を経て，1999年東京工業大学大学院生命理工学部助教授，同年教授．
専門は，核酸有機化学，遺伝子診断・治療をめざす機能性人工核酸の合成
主要著書：新しいDNAチップの科学と応用（編，講談社），ゲノムケミストリー（共編，講談社）

NDC 460　　186 p　　21 cm

医療・診断をめざす先端バイオテクノロジー
バイオ研究のフロンティア　3

2009年　10月20日　第1刷発行
編　者　関根　光雄
　　　　せきね　みつお
発行者　笠原　　隆
発行所　工学図書株式会社
　　　　〒113-0021　東京都文京区本駒込1-25-32
　　　　電話(03)3946-8591
　　　　FAX(03)3946-8593
印刷所　株式会社双文社印刷

Ⓒ Mitsuo Sekine, 2009 Printed in Japan

ISBN978-4-7692-0490-9

シリーズ「バイオ研究のフロンティア」

1. 環境とバイオ

田中信夫／編

Ａ５版　148p　定価　2,520円（税込み）

「環境」をキーワードに、細分化されたテーマ「生命」の統合をめざす。東京工業大学・生命理工学の最先端で活躍する研究者による、ホットな話題のやさしい解説。

環境と生命のふれあいを紹介。生命を作る「部品」、進化と環境、環境と適応、環境と健康、生物の利用など、生命理工学最前線をやさしく解説。

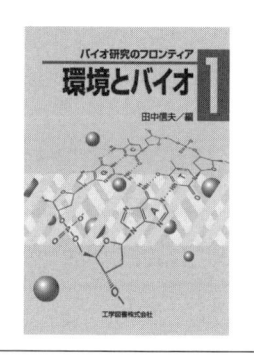

2. 酵素・タンパク質をはかる・とらえる・利用する

岡畑恵雄・三原久和／編

Ａ５版　188p　定価　2,835円（税込み）

酵素・タンパク質の構造・機能・特性を、最先端の計測・捕捉技術を用いて解析。さらに、それらの最新の利用・操作についても紹介。学部上級・大学院生に向け、やさしく解説。

生命時空間ネットワークにおける、生体分子群の解析技術の向上をめざし、東京工業大学・生命理工学研究科を中心とする17名の執筆者が、第一線の研究を紹介！

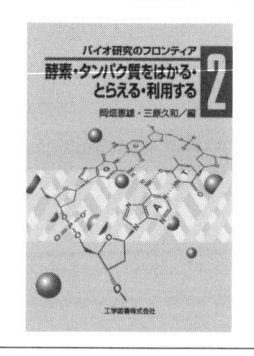

3. 医療・診断をめざす先端バイオテクノロジー

関根光雄／編

Ａ５版　186p　定価　2,940円（税込み）

医療に役だつ生体分子検出技術、細胞・生体分子の機能解明と活用、さらに生体機能分子創出における有機化学的アプローチ、などの視点から、最先端のテーマを大学院・学部上級生に向け、やさしく解説。

医療・診断に結びつく最先端のバイオテクノロジーについて、東京工業大学・生命理工学研究科ならびに東京医科歯科大学を中心とする29名の執筆者が、最新の研究成果を紹介！

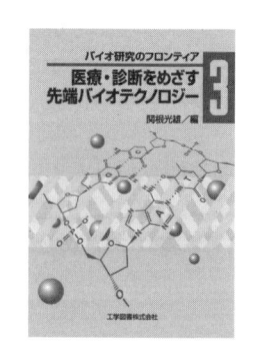

工学図書株式会社

MEMO

MEMO

MEMO

MEMO